아들맘
육 아
처방전

알쏭달쏭 남자아이 심리 이해하기!

아들맘 육아 처방전

고용석 지음

한국경제신문*i*

Part 1
아들 육아, 왜 이렇게 힘들까?

아들을 둔 엄마들의 고민 BEST 3!

부모의 지나친 열정이 아들을 공부와 멀어지게 한다

모든 것을 아는 척하고 설명하지 마라

몰아붙이면 아들은 아무것도 알려 하지 않는다

아들에게 용기 하나
"하고 싶은 게 없으면 하지 않아도 돼"

남자아이들은 왜 계속 놀려고만 할까?

Part 3
아들의 역습! 아들에게서 발견한 용기

제멋대로인 모습에서 발견한 용기

한 가지에 몰입하며 자기 자신을 만나다

남자아이에게 질문은 생존의 도구다

아들은 좋은 작품이 아니라 좋은 경험을 원한다

아이만큼이나 어른도 목숨 걸고 놀아야 한다

남자아이들은 즉시 시작한다

주변의 모든 것을 재료로 사용하는 창의적인 아이들

남자아이들만의 창조적인 삶을 사는 법 – 감탄하기

아이처럼 삶의 재미를 찾아라

아들은 이야기를 지어가며 삶을 창조한다

아이들은 성장하기 위해 실패를 이용한다

Part 4
아들과 함께 채워나가는 버킷리스트!

마치며

PART. 1

아들 육아, 왜 이렇게 힘들까?

BOYS

주변에 온통 여자 선생님, 아들은 불안하다

"어머, 그러고 보니 우리 아들 주변에 여자 선생님뿐이네요. 영어, 미술학원, 학습지, 담임선생님… 다 여자 선생님이에요."

아들을 키우는 어머니의 하소연 1위는 바로 주변에 '남자 선생님이 없다'는 것이다. 필자의 어린 시절만 해도 큰 하키채나 쇠자를 들고 다니는 남자 선생님이 많았다. 또 남학생은 대부분 남중, 남고로 진학을 하다 보니 오히려 여자 선생님을 보기 힘들었다. 하지만 요즘 아이들에게 담임선생님의 성별을 물어보면 대부분 여자 선생님이라는 대답이 돌아온다.

서울의 초등학교 교직원 성비를 살펴보면, 여자 선생님의 비율이 2011년 85.7%에서 2015년 87.03%로 꾸준하게 증가하고 있다. 초등학교뿐 아니라 유치원, 어린이집, 중학교, 고등학교까지 여자 선생님의 비율은 계속 높아지고 있다. 이제 "교사 임용 시 일정 비율은 남자로 해야 한다"는 주장까지 제기된다.

여자 선생님의 비율이 압도적으로 높아지면서 제일 불만이 큰 사람은 누구일까? 바로 아들을 가진 어머니와 여자 선생님이다. 어머니는 아들이 제대로 된 성 역할을 경험하지 못할까 노심초사하고, 여자 선생님은 남자아이를 감당하기 힘들어한다.

그런데 정작 부모님의 더 큰 고민은 따로 있다.

남자아이를 보는 남자와 여자의 시각 차이
활발하고 호기심이 풍부한 아이 = 시끄럽고 말썽을 피우는 아이

교사 성비 불균형의 가장 큰 문제점은 남녀의 시각차다. 같은 아이라도 여자 선생님이 보기엔 '시끄럽고 말썽을 피우는' 아이지만, 남자 선생님이 볼 땐 '활발하고 호기심이 풍부한' 아이이다. 남자아이의 전형적인 특징인 자기 주도적인 모습이 남자 선생님에게는 '스스로 잘하는 아이'로 보이지만 여자 선생님에겐 '자기 멋대로 하는 아이'로 비치기 때문이다.

학원에서도 마찬가지다. 미술학원에 오는 남자아이들은 나름의 상처 하나씩은 갖고 있다.

대표적인 예는 자신의 그림 스타일을 인정받지 못한 사례다.

공룡이나 무기, 시뻘건 피가 나오는 그림들을 그리면 여지없이 "왜 그런 그림을 그렸니"라고 혼나고 학원에서 정해주는 주제(가족, 애완동물, 즐거웠던 시간 등)에 맞춰야 했기 때문이다. 그러면 아이는 뿔이 나서 졸라맨을 대충 그려 제출하곤 다시 혼이 나는 악순환이 반복된다.

하지만 마음껏 자유롭게 그리라고 하면 군필자조차 생소한 무기를 능숙하게 그린다. 남자 선생님이라면 이런 아이를 '잔인한 것을 좋아하는 나쁜 애'로 보는 것이 더 이상하다. 본인도 군대를 다녀왔고, 어릴 적에 무기를 좋아해본 적이 있는 남자로서 아이의 취향이 충분히 공감 가기 때문이다.

심지어 한 어머니는 여자 선생님에게 "솔직히 남자아이의 그림을 이해하기 힘들다. 에너지가 넘치고 잘 그린 것 같긴 한데 나는 알록달록하고 예쁜 그림을 좋아하기 때문에 아이의 그림을 칭찬해주기가 쉽지 않다. 남자 선생님이 있는 학원에 가서 미술을 배우면 분명 잘할 것이다"는 말을 들었다고 한다.

편향된 시각의 폐해로 공룡에 민트색이나 분홍색을 칠하는 남자아이도 있다. 고개를 갸우뚱하며 물어보면 이전 학원에서 여자 선생님이 좋아해서 이런 색을 칠했다고 한다. 선생님의 칭찬을 받기 위해 자신의 색을 내려놓은 것이다.

아들에게는 남자 마음의 양육이 필요하다
남녀 인식의 차이가 인정의 프레임도 다르게 만든다

전쟁을 좋아하고, 친구들과 칼싸움을 하는 아들. 그림을 잘 그리다가도 온통 빨간색으로 도배해버리는 아들을 이해해줄 수 있는 사람은 같은 남자뿐이다. 자신도 어릴 적 친구와 놀이터에서 나뭇가지로 칼싸움하고 비비탄 총으로 전쟁놀이를 했기 때문이다. 누군가를 상처 입히고 싶어 하는 게 아니라 그들만의 대화이자 표현방식이다.

미술도 마찬가지다. 남자아이는 파란색을 선호한다. 로봇만화를 봐도 남자아이의 로봇은 파란색이고 여자아이의 로봇은 분홍색이다.

영국 뉴캐슬대학의 신경 과학자 애냐 허버트와 야즈 링이 20~26세 남녀 206명을 대상으로 실험한 결과 여성이 남성보다 붉은색 계열의 스펙트럼에 치우치는 경향이 있는 것으로 나타났다. 남녀의 역할 차이를 알지 못하는 아기를 대상으로 실험을 해봐도 남자아이는 파란색, 여자아이는 붉은색 계열을 골랐다.

남녀 인식의 차이가 인정의 프레임도 다르게 만든다. 선생님이 자신도 모르게 아이들에게 요구하는 색상도 성별에 따라 차이가 있다. 실제로 상담을 해보면 많은 남자아이와 어머니가 여자 선생님에게 받는 차별을 하소연한다.

결국 궁극적인 해결방법은 균형 잡힌 성비 환경뿐이다. 그렇다면 아이가 집에 있는 유일한 남자인 아버지와 함께하면 되지 않을까?

집안의 유일한 남자인 아버지, 어디 계신가요?

육아에 관심이 없는 것이 아니라 관심을 가질 시간이 없다

평소 아들과 무엇을 하는지 물어보면 대부분 아버지는 아들과 잘 놀아주는 편이라고 답한다. 하지만 막상 아이들에게 "아빠하고 집에서 많이 놀아?" 하고 물어보면,

"아빠는 맨날 잠만 자요."

"침대에서 몇 번 뒹굴어주고 블록 놀이하래요."

"맨날 패드만 봐요. 저한테는 유튜브(Youtube) 보래요."

이런 대답이 대부분이다. 아버지는 나름대로 노력하지만, 아들은 만족하지 못한다. 아버지가 육아에 서툴거나 관심이 없어서 그런 것일까?

여기서 잠깐 퀴즈 하나. 다음이 우리나라의 어느 시대를 말하는 것인지 맞춰보자.

일자리는 넘쳐나고 어떤 사업을 하든 돈은 어떻게든 벌게 됐으며, 공무원은 월급이 너무 적어 지원만 하면 합격하고 금리는

무려 20%가 넘어 노력만 하면 얼마든지 목돈을 모을 수 있었던 시대.

정답은 1997년 이전의 시대다. 이후에는 IMF 외환위기로 경제가 무너져 많은 직장인이 실업자로 내몰릴 수밖에 없었다. 기업은 어떻게든 인건비를 줄이기 위해 세 사람이 해야 할 일을 두 사람이, 결국에는 한 사람이 하게 만들었다. 그러다 보니 어느 순간 '웰빙'이라는 단어는 사라지고 '야근, 비정규직, 저녁이 있는 삶'이 화두가 됐다.

살아남기 위해서는 남보다 더 많이, 오래 일을 해야 하는 시대가 돼버렸다. 가장 큰 피해자는 이 시대의 아버지들이다. 아들 육아에 관심이 없는 것이 아니라 관심을 가질 시간이 없다. 회사에서 혼자 두 사람, 세 사람 몫을 해내기도 급급하기 때문이다.

"아버지와 아이가 얼마나 교감하나요?"라고 물어보면 어머니들은 "남편은 늦게 들어오기 때문에 아이와 대화하는 시간은 거의 없다"고 하거나 주말조차도 회사에 출근하기 때문에 어머니와 함께 있는 시간이 대부분이라 답한다. 토요일에 상담이나 수업을 하면 아버지와 함께 오는 아이는 거의 없다. 이유를 물어보면 아버지는 오늘도 출근했다는 답변이 많다.

아들을 혼자 도맡는 어머니는 체력적으로 지칠 수밖에 없다. 나중에는 가만히 앉아서 블록을 조립하거나 책을 읽어주는 등 '체력적으로 부담이 덜 되는 것'만 해주게 돼 아들은 아들대로 불만과 에너지가 쌓인다.

이렇듯 경제 불황에 따른 아버지의 노동시간 증가와 교육기관의 불균형한 성 비율 등이 겹치며 남자아이들의 입지는 점점 좁아지고 있다. 남자아이가 자신의 에너지를 표현하면 바로 경고를 받거나 산만한 아이라는 꼬리표가 붙는다. 신체 언어가 한창 활발할 나이에 조용히 있으라고 함은 입을 막는 것과 마찬가지다.

아들에게 가장 필요한 것은 자신과 같은 남자다. 산만한 것이 아니라 쌓여있는 에너지를 풀고 싶을 뿐이라는 것과 싸움을 좋아하는 것이 아니라 함께 몸으로 대화하고 싶다는 것을 이해해줄 수 있는 남자가 필요하다.

아들은 선생님을 원하지 않는다

"제가 왜 색칠해야 해요? 저는 이대로가 좋은데요?"

"(선생님이 도와주려 할 때 아이가 선생님 팔을 막으면서) 이건 제가 할 거예요."

"하기 싫은데…."

수업하면서 가장 많이 듣는 말이다. 요즘 남자아이는 자기표현이 뚜렷해 싫고 좋고를 바로 표현한다. 한 번쯤은 선생님이 권유한 것을 생각해볼 법도 하건만 절대 그러지 않는다.

"그럴 거면 왜 수업을 받는 거야?!"라는 말이 목 끝까지 올라올 때도 잦다.

여자아이와 남자아이의 차이점이 가장 명확하게 드러나는 순간은 아이에게 도움을 줄 때의 반응이다. 여자아이는 눈을 마주치며 고마워하는 반면 남자아이는 선생님의 손을 가로막는다. 옷을 입을 때도 남자아이는 자기가 직접 한다. 단추가 엇갈려 채워지더라도 자기 고집대로 끝까지 입고 다닌다. 미술 수업 때도 주도성이 강한 남자아이들은 선생님이 글루건으로 작품 제작을 도와주려고 하면 글루건을 빼앗아버린다. 그러고는 자기 식대로 글루건을 짜다가 결국 엉망진창이 되고 만다. 그래도 선생님의 도움을 계속 거부하는 모습을 보며 어느 순간 이런 생각이 들었다.

'내가 아이들에게 잘못 접근하고 있는 것은 아닐까?'

남자아이는 단지 경험이 부족한 동료다
아이가 보기에 '예의 없이' 대하지 마라

아이의 말버릇이나 행동을 탓할 것이 아니라 내가 무언가를 빠뜨렸기 때문에 아이들이 도움을 거부한 것은 아닐까 하는 생각이 들었다. 이번엔 반대로 아이들이 아닌 나를 관찰하기 시작했다. 아이가 선생님의 가르침을 받아야 한다고 생각하는 것이 일반적인 교육관이다. 세상의 지식을 스스로 깨닫기에는 아직 어리기 때문이다.

하지만 지식을 전달하는 통로에 이상이 있다면 이야기는 달라진다. 수도관이 녹슬면 깨끗한 물을 넣었어도 결국 녹물로 나올 수밖에 없다. 그래서 필자는 내 말과 행동을 스스로 관찰해보기로 했다. 그리고 몇 가지 문제점을 발견했다.

- 가르침은 위에서 아래로만 흐름이 당연하다는 태도
- 아이의 의사와 상관없이 일방적으로 전달해주는 지식
- 실제 나이보다 더 어리게 아이를 대하는 말투나 행동

첫 번째는 권위적이거나 엄한 말투와 행동을 말하는 것이 아니다. 아이들은 아직 미성숙한 상태라고 생각하는 나의 태도에 문제가 있었다.

두 번째는 아이에게 색을 칠한 작품이 더 멋지다고 말해주는 과정에서 자주 발생했다. 아이들은 빨리 자신이 만든 작품을 집에 가져가고 싶어 하고 엄마에게 자랑하고 싶어 한다. 하지만 선생님은 색칠까지 해야 비로소 완성됐다고 말하기에 아이들은 반발한다. 색칠이 작품의 완성이라는 것은 어디까지나 '내 생각'이기 때문이다.

세 번째는 '아직 어리니까 이건 내가 해줘야겠지'라는 생각에서 출발한 말투나 행동이었다. 글루건을 사용하길 원하는 6세 아이에게 '아직은 어리니까 테이프로 대신 하자'고 했을 때 아이는

화를 낸다. 어떤 아이는 테이프로 붙이긴 하지만 글루건보다 약한 작품을 보며 짜증을 내다가 부수기도 한다.

이 세 가지 공통점을 통해 한 가지 결론을 얻었다.

'내가 예의가 없었구나!'

선생님이 아이에게 예의를 차린다는 것이 이상하게 들릴 수도 있다. 수업 중에 아이를 무시하는 말투나 비속어를 사용하지는 않았다. 다만 내 행동이나 태도가 아이가 보기에 '예의 없이' 느껴졌을 수도 있다. 오히려 비속어보다도 더 아이에게 상처가 됐을 수도 있다. 그래서 나는 한 가지 원칙을 세웠다.

'남자아이는 결코 아이가 아니다. 단지 경험이 부족한 동료다.'

실제로 사람의 뇌는 36개월에 성인의 60%까지 자라고, 6세쯤이면 90%까지 성장한다고 한다. 이후 사춘기가 되면 성인의 뇌와 별다른 차이가 없어진다. 교실에서 가르침을 받는 아이들의 뇌는 성인과 다를 바가 없다. 다만 이후의 경험으로 깊이 생각하는 힘과 상대의 감정에 공감하고 표현하며 상황을 판단하는 능력을 키워나가는 것뿐이다. 생리학적인 문제보다는 경험의 차이이다.

과도한 칭찬은 오히려 자존심을 상하게 한다
'너는 아직 모자라니까 내 도움이 필요해' No!

필자는 아이를 미성숙한 존재라 여기지 않고, 경험이 부족할 뿐이라고 생각하기로 했다. 교실은 회사로, 아이는 후임으로 가정해보자.

회사에서 후임이 일 처리를 잘했다고 "아이 참 잘했어요!"라고 칭찬하는 상사는 없다. 후임이 문서를 작성하고 있을 때 다가와 직접 자판까지 쳐주는 선임도 없다.

이런 일이 벌어진다면, 며칠 못 가서 분노에 치를 떠는 후임을 목격하거나, 회사에서 이상한 사람으로 찍힌 나를 볼 수 있을 것이다.

경험이 부족하다고 생각하고 접근하는 것과 미성숙한 아이로 대하는 태도는 질적으로 다르다. 과도한 칭찬은 오히려 남자아이에게 '너는 아직 모자라니까 내 도움이 더 필요해'라고 말하는 것밖에 되지 않는다.

특히 남성은 남성호르몬(테스토스테론)의 영향으로 경쟁심과 반항심이 여성보다 훨씬 높다. 그래서 남자는 무시를 받거나 능력이 없는 사람으로 대접받으면 아이나 어른 할 것 없이 기분이 상한다. 그러면 당연히 상대방을 보기도 싫을 것이고 제안 역시 받아들이기 싫어진다. 남자아이가 어른의 도움을 거부하는 가장 큰 이유는 바로 자신을 어린아이로 대하기 때문이다. 아이에게 필요한 것은 자신의 행동을 통제하고 시시콜콜 참견하는 선생님이 아니다.

아들은 형과 같은 존재를 원한다
내가 노력하면 따라잡을 수 있는 '나와 비슷한' 형

남자아이는 자신을 도움이 필요한 아이가 아니라 한 사람의 남자로 바라봐주길 갈망한다. 그런데 선생님이나 부모님은 아이를 도움이 필요한 존재로 인식하는 경우가 많아 서로 간의 커뮤니케이션이 어긋나게 된다. 남자아이를 대하는 바람직한 태도의 정답은 바로 아이와 1~2살 정도 차이 나는 형들에게서 찾아볼 수 있다.

수업을 진행하다 보면, 1~2살 정도 나이가 많은 아이가 섞여 배정될 때가 있다. 처음에 아이들은 자신보다 나이가 많은 형이 있으면 긴장을 한다. 하지만 서로 같은 편이 돼 선생님을 무찌르는 놀이를 하고 나면 어느 순간 형 옆에 찰싹 붙어 다닌다. 여기서 인상적인 것은 선생님이 말할 때와 형이 말할 때 아이들의 반응이다.

선생님의 지시에는 "하기 싫은데" 또는 "귀찮아요"라고 대답하는 데 반해 형이 말하면 "응 한번 해볼게! 근데 어떻게 해야 하지?" 하는 반응을 보인다. 처음에는 어이가 없었지만 이를 계기로 형이라는 존재를 다시 생각하게 됐다. 아이들의 행동을 가만히 바라보면, 형이 하는 모든 일을 자기도 해보고 싶어 한다. 형을 따라잡고자 하는 경쟁심, 더 나아가 멀게만 느껴지는 어른과 달리 형은 '내가 노력하면 따라잡을 수 있는 존재'로 보이기 때문에 형의 말과 행동에 더 민감하게 반응한다.

나이 차도 너무 많이 나면 안 된다. 대략 1~2살 위의 형이 가장 효과적이다. 4~5살 차이가 나면 부모님처럼 의존의 대상이 되기 때문이다.

러시아 심리학자이자 교육학자인 레프 비고츠키(Lev Semenovich Vygotsky)는 근접발달영역(Zone of Proximal Development)을 통해 이를 설명했다.

그의 말에 따르면 아동은 자신이 할 수 있는 영역(실제 발달 수준)과 타인의 도움이 필요한 영역(잠재적 발달 수준) 사이에 존재한다. 아이의 목표는 자신이 할 수 있는 영역을 확장해가며 원하는 곳(잠재적 발달 수준)에 이르는 것이다. 이때 형의 역할은 아이가 원하는 곳으로 갈 수 있도록 도와주는 계단이다. 비고츠키는 이를 '비계(Scaffolding, 건물을 지을 때 인부들이 외벽에서 안전하게 작업할 수 있도록 제작하는 계단)'라고 불렀다. 자신보다는 앞서 있지만, 크게 차이가 나 보이지 않는 형의 모습을 보며 아이는 따라잡고 싶은 욕구를 느낀다. 즉, 계단을 올라가고 싶다는 동기를 유발하게 된다. 그러므로 그 계단은 너무 높거나 낮으면 안 된다. 적당히

'만만한' 높이로 있어야 한다.

또한, 아이는 형에게 '나와 비슷한 사람'이라는 동료 의식도 느낀다. 그래서 선생님의 충고보다 형의 말을 더 잘 따른다.

앞으로 필자도 '저 멀리 위에 있는' 선생님이 아닌 '한두 계단 위에 있는' 형과 같은 사람이 되기로 했다. 하지만 형처럼 되기 위해서는 거쳐야 할 관문이 있었다.

아이에게 초대받지 않았다면 불청객이다
당당히 초대받은 사람으로 함께 즐기자

미술 시간은 아이들에게 수업이라기보다는 놀이에 가깝다. 딱히 어디에 칠하지는 않지만, 그냥 손이 가는 대로 물감들을 섞는다. 빨강과 노랑이 섞이면 어떤 색이 되는지 그리고 모든 색을 섞으면 어떤 색이 될지 알면서도 계속한다. 거무죽죽한 색이 되면 손바닥에 묻히기도 하고 친구를 위협하기도 한다. 한번은 서로 작품을 가지고 즉흥적으로 게임을 만드는 모습도 봤다.

기다란 다리를 만들어 의자와 의자 사이에 올려놓고서는 구슬들을 굴리다 떨어진 구슬의 주인이 벌칙을 받는 게임이었다. 단순하고 유치해 보이지만 순수하게 즐거워하는 아이를 보면 '온전히 현재를 살아가는 법'을 알게 된다. 아이의 모습에서는 결과에 대한 부담이나 계산적인 모습은 찾아볼 수 없다. 그저 그 순간을 온전히 즐기기 때문이다. 이 모습이 너무나 행복해 보여 나도 모르게 스마트폰 카메라를 실행시키고 녹화 버튼을 누른다.

"띵!"

녹화 버튼 소리가 울리자 언제 그랬냐는 듯이 아이들은 조용해지고 나를 바라본다. 늦은 시간 염치없이 찾아온 불청객이 된 기분이다. 그 순간을 망치고 싶지 않아 다시 스마트폰을 내려놓자 한 아이가 "선생님도 같이해요!"라고 말한다. 그제야 나는 불청객이 아닌 당당히 초대받은 사람이 된다. 이때는 스마트폰으로 촬영하며 같이 놀아도 나를 의식하지 않는다. 그 순간만큼은 선생님이 아닌 그들보다 약간 더 경험이 많은 형이 된다. 무엇을 가르치기 위해 있는 것이 아니라 함께 즐기기 위해 그 자리에 있을 때 남자 아이들은 마음을 연다.

노는 것뿐 아니라 무언가를 만들 때도 마찬가지다. 아이들은 아직 손힘이 약해 글루건을 잘 사용하지 못한다. 자꾸 글루액이 다른 곳으로 흘러가 제대로 붙지 않는다. 이때 성급하게 도우려 하면 아이는 거부한다. 한 걸음 뒤로 물러나 가만히 지켜보는 것이 먼저다. 아이의 '초대장'이 있기 전까지 들어가서는 안 되기 때문이다.

"선생님. 이게 잘 안 돼요."

이 말이 바로 초대장이다. 아이 스스로 할 수 있을 때까지 기다려준 후에 도움을 요청할 때만 다가가야 아이들이 반발하지 않는다. 나는 이것을 '아이들의 초대를 기다리는 것'이라 이름 붙였다.

가르치는 선생님보다 함께 나눌 사람이 필요하다

학교도 학원에서도 할 수 없는 역할은 바로 엄마 아빠

가르침은 넓고 뻥 뚫린 고속도로를 질주하는 것이 아니라 자갈밭과 비포장도로, 표지판도 없는 곳을 조심스럽게 운전하는 것과 같다. 선생님은 가르침이라는 자동차를 운전하고 아이는 배움이라는 길을 제공한다. 그 길은 다양한 모습을 하고 있기에 운전자는 당황하고 화를 내기도 한다. 때로는 제대로 작동하지 않는 내비게이션을 탓하기도 한다. 하지만 어쩌겠는가. 도로을 탓한다고 길이 변할 리 없다. 그저 내비게이션을 업데이트하고, 차를 스포츠카에서 사륜구동차로 바꾸는 것이 최선이다.

이 비유가 과연 선생님에게만 의미가 있는 것일까? 많은 학부모가 도저히 아들을 감당할 수 없다며 한숨을 쉰다. 궁여지책으로 아이가 학교에서 돌아오면 학원으로 보내버린다. 자신이 직접 아이를 가르치는 것은 말도 안 된다고 생각하기 때문이다.

필자는 그럴수록 아이들이 원하는 것은 선생님이 아니라고 말씀드리고 싶다. 아이가 원하는 것은 함께할 수 있는 사람이자 형과 같은 사람이다. 호기심이 왕성하고 체력이 넘치는 시기기에 끊임없이 아이를 자극하며 함께 놀 수 있는 사람이 필요하다. 그 역할은 학교나 학원은 불가능하다. 아이와 많은 시간을 함께하는 사람만이 가능하다. 특히 에너지가 넘치는 아들에게는 그 에너지를 품어줄 수 있는 사람과 발산할 수 있도록 해주는 이가 동시에 필요하다.

바로 엄마와 아빠다.

아들 육아에는 아빠가 더 필요하다

보통 상담은 어머니와 아들이 오는 경우가 많다. 종종 부부가 함께 올 때면 아버지를 유심히 관찰하곤 하는데 대개 대화에는 거의 끼지 않고 같이 온 둘째 동생을 봐주거나 운전만 한다. 질문도 주로 어머니가 하신다.

선생님 : 수업 잘 끝냈습니다. 아이가 참 활기차네요.

어머니 : 그렇죠? 집에서도 쉴 새 없이 놀곤 해요. 도대체 어떻게 해야 할지 모르겠어요.

아버지 : ……. (계속 듣고 있다)

선생님 : 아버지께서는 아들이 평소 어떻게 노는 것 같으세요?

아버지 : 뭐 그냥 주말에 놀러 가고 가끔 축구하고…

어머니 : (아버지 말을 가로막으며) 얼마 전에는 유치원에서 우리 애가 다른 아이를 때렸다고 해서 놀랐어요.

아버지 : (몰랐다는 표정을 하며) 그런 일이 있었어?

어머니 : 여보, 둘째 좀 보고 있어요.

아버지 : (둘째 아이를 데리고 상담실을 떠난다)

이렇듯 아버지는 항상 운전사나 보모 역할에 그친다.

아빠는 아들을 바라보는 방식이 다르다
뇌 활동을 통해 알아본 엄마와 아빠의 시각 차이

필자는 간혹 어머니와 상담을 마친 후 아버지와 따로 상담을 진행하기도 한다. 그러면 그제야 아버지는 말문이 트인 듯 이야기를 시작한다.

"집사람이 조금 예민한 면이 있어요. 보통은 그럴 때 다 싸우고 하지 않나요?"

"(아이가 까다롭게 재료를 고르는 사진을 보며) 아우~ 선생님 좀 짜증 났겠는데요?"

"아이는 좀 강하게 커야죠. 지난번에도 장난감을 안 치워서

직접 치우라고 혼을 냈어요. 너무 오냐오냐 키우니까 의존적이 된 것 같아요."

이렇듯 아버지와 어머니가 바라보는 아들은 조금 다르다. 어머니의 경우 아들을 종합적으로 판단하는 경향이 있다. 아이의 행동뿐만 아니라 아이의 감정, 그 당시 환경 등 다양한 요소를 종합해 판단한다. 아이의 행동 때문에 상처받은 자신의 감정을 호소할 때도 잦다.

반대로 아버지는 객관적인 판단을 한다. 어떤 일이 있었는지 사실에만 집중한다. 어머니가 아이를 바로 앞에서 바라본다면 아버지는 저 위에서 카메라로 지켜보는 것 같다. 그러다 보니 어머니가 보는 아들, 아빠가 보는 아들은 다를 수밖에 없다. 왜 이런 일이 일어나는 것일까?

KBS 다큐멘터리 '아빠의 성'에서는 한 부모를 대상으로 아이 사진을 봤을 때 뇌에 어떤 변화가 있는지 fMRI(funtional magnetic resonance imaging, 기능적 자기공명 장치)로 촬영하는 실험을 진행했다. 뇌 구조를 보는 MRI와 다르게 fMRI는 뇌의 부분별 활성화를 통해 뇌 기능을 관찰할 수 있는데 검사 결과 남성과 여성의 뇌는 사용처가 확연히 달랐다.

먼저 다른 아이의 사진을 보여줬을 때 남성은 후두엽의 시각적인 부분만 활성화됐다. 반대로 여성은 주로 상황판단과 생각을 담당하는 전두엽이 활성화되는 모습을 보였다. 여성은 단순히 보는 데 그치는 것이 아니라 다양한 생각을 한다는 의미다.

다음으로 그들의 아이 사진을 보여주자 남성은 마찬가지로 시각적인 부분만 활성화된 반면 여성은 변연계까지 활성화됐다. 변연계는 주로 감정을 담당하는 기관이다. 이 실험으로 남자보다 여자가 자신의 아이에게 더 다양한 감정을 느낀다는 것이 확인됐다.

어머니는 9개월 동안 뱃속에서 아이를 키웠기에 아버지보다 더 다양한 감정을 느낄 수밖에 없다고 제작진은 추측했다.

이와 같은 생물학적 차이로 인한 남녀의 다름은 육아에도 그대로 이어진다.

특강을 통해 알아본 아빠 육아의 특징
아들보다도 만들기에 열중하는 아버지들

부자(父子) 수업을 진행해보면 아빠 육아의 특징을 확연하게 알 수 있다. 필자의 학원에서는 간혹 아버지를 초대해 아들과 함께 작품을 만드는 시간을 갖는데, 아버지와 아들이 어떻게 소통하는지 알아보는 소중한 기회다.

이날 아이들은 아버지와 함께 교실에서 자르고 붙이며 만들기를 한다. 수백 명의 아버지와 아들 커플을 보다 보면 '정말 다 같은 남자구나'라는 생각을 하게 된다. 자신이 원하는 대로 만드는 아버지, 스마트폰으로 검색부터 하는 아버지, 아들이 아무거나 하도록 구경하는 아버지 등 다양한 모습인데, 이들을 지켜보면서 몇 가지 유형을 발견했다.

유형 1. 이건 내가 만들고 싶었던 거야! 아이보다 더 집중하는 아버지

아이와 함께 미술 작품을 만들 때 아이보다 더 집중해서 만드는 아버지가 있다. 때로는 지나치게 집중한 나머지 아이가 뒷전으로 밀려나기도 한다. 아이는 어떻게든 아버지의 작업에 참여하고 싶어 주위를 서성인다. 한참 후에야 선심 쓰듯 "이거 한번 같이 만들어 볼까?"라며 아들에게도 기회를 준다. 마치 형과 동생의 관계를 보는 것 같다. 아들과 아버지 모두 낄낄거리면서 즐겁게 작업을 한다. 이렇게 자기 일마냥 참여하는 아버지에게는 아이와 같은 활기찬 에너지가 흘러넘친다.

유형 2. 꼭 안 만들어도 돼! 쉬는 날 고생하지 말자.

결과를 기대하지 않는 아버지에게서 볼 수 있는데 마치 하늘을 나는 새처럼 저 멀리 위에서 아들을 바라보는 것 같다. 특강의 목표가 아버지와 아들 관계의 성장임을 잘 알고 있는 분들이다.

초반에는 선생님이 정해준 미션을 하기 위해 아들과 이야기한다. 하지만 아이는 평소 자기가 생각하던 것을 만들고 싶어 한다. 대부분 아버지는 바로 쿨하게 "그래? 그럼 그거 하자"라고 선회

한다. 나중에 미션과 전혀 다른 작품이 나오더라도 실망하지 않는다. 아이가 즐거워하면 그것으로 만족한다.

유형 3. 걱정 말고 한번 해봐!

아들이 신나게 하고 있으면 뒤에서 조용히 보다가 어려운 작업만 도와준다. 커터칼 사용하는 것을 아이가 무서워해도 일단 해보라고 권한다. 잘 못하면 대신해주기도 하지만 웬만한 건 알아서 하도록 독려한다. 어머니가 보면 기겁할 톱질도 일단 시범을 보여주고 해보라고 한다. 아들은 아버지의 모습을 보고 그대로 따라 해본다. 서툴더라도 아들이 직접 하는 것에 의의를 둔다.

이 세 유형의 공통점은 뭘까. 아이에게 무엇을 하도록 강요하지 않는 것이다. 아들이 원하면 특강의 주제와 관계없이 하고 싶은 것을 하게 한다. 방향은 아들이 정하고 아버지는 뒤에서 밀어준다. 아들이 꼭 무엇인가를 배워야 한다는 마음보다는 즐겁게 하는 것에 의의를 둔다. 아들과 함께 미션을 즐긴다. 아이뿐만 아니라 자신도 즐거워하며 아버지가 아니라 동료가 되려 한다. 이 과정을 통해 아이는 결과에 대한 부담을 덜 수 있게 된다.

그렇다면 반대로 모자(母子) 특강에서 보이는 엄마 육아의 특징은 무엇일까?

엄마와 아들을 위한 특강에서 발견한 특징
모든 것은 '교육'의 연장선이라고 생각하는 엄마들

엄마와 아들을 위한 대화법 특강을 한 적이 있다. 아들이 원하는 캐릭터를 만들면 캐릭터를 통해 대화하는 방법을 소개한 특강이다.

특강을 진행하면 어머니는 일단 '교육'이라는 측면에서 접근한다.

만약 아들이 캐릭터가 아닌 자동차나 칼을 만들고 싶다고 하면 최대한 원래 주제대로 하도록 설득한다. 특강 내용을 그대로 따라가야 교육의 효과가 극대화된다고 생각하기 때문이다. 어떤 어머니는 아들이 말을 듣지 않으면 화를 내고 교실을 나가버리기도 한다. 또 칼이나 글루건같이 위험해 보이는 도구는 어머니가 아들 대신 사용한다. 아이가 스스로 할 수 있다고 말해도 대다수 어머니는 본인이 칼로 상자를 잘라줬다. 일단 한번 해보라고 독려하던 아버지와는 다른 모습이다.

할 수 없이 교실을 돌아다니며 장갑을 끼면 웬만한 사고는 피할 수 있다고 알려주며 아이가 좀 더 적극적으로 참여할 수 있도록 독려해야 했다.

EBS에서 방영된 〈놀이의 반란〉에서도 비슷한 현상을 확인할 수 있다.

방에는 아들과 아버지, 어머니가 있고 바닥에는 장난감이 있다. 아버지는 장난감뿐 아니라 아들과 뒹굴고 장난을 치는 등 다양한 신체적 언어를 사용한다. 반면 어머니는 장난감을 가지고 놀 때도 교육적인 효과를 살핀다. 아들이 블록을 던지려고 하면 "이건 집 짓는 데 쓰는 거예요"라고 블록의 원래 목적을 알려주는 식이다.

반대로 어머니만이 보여주는 장점도 있는데 바로 아이에게 최대한 많은 질문을 하는 모습이다. "이건 왜 빨간색으로 했어?", "이건 왜 여기에 붙였어?" 등 아이의 작품에 많은 질문을 하고 이야기를 최대한 많이 들어준다. 조용히 작업하는 아버지와는 달리 어머니는 아이에게 많은 이야기를 듣길 원했다.

처음에는 아이도 열심히 대답하지만, 작업에 집중하다 보면 엄마의 말을 흘려듣는 경우가 잦아지고 결국 어머니만 멋쩍게 웃곤 한다. 특강 마지막에는 아들은 자기가 하고 싶은 것만 한다는 것을 다시 체험했다는 말을 많이 듣는다. 아들이 즐거워했음에도 많이 배우지 못해 아쉽다는 어머니도 계셨다. 배움이 꼭 눈에 보여야 할 필요는 없다. 어머니와 함께 칼과 글루건, 실톱을 사용한 경험만으로도 아이는 큰 배움을 얻는다.

요즘 아이들은 피곤하다. 4~5개의 학원은 기본이라서 직장인처럼 주말에만 쉬도록 짜인 시간표도 낯설지 않다. 학원은 아이가 무언갈 꼭 배워야 한다고 강조하고 학부모 또한 수학 점수, 영어 점수 등 눈에 보이는 배움에 집착한다. 아이는 게임처럼 자신의 능력치가 올라가야 한다는 압박을 받는다. 고스란히 결과로 나타나는 시험점수는 마치 자신의 가치를 보여주는 것 같다. 이런 상황에서 아이는 점수가 높지 않아도 괜찮다고, 결과는 신경 쓰지 말라고 해주는 사람이 절실하다.

어머니에게 많은 관심과 사랑을 받고 아버지와 다양한 경험을 함께 해보는 과정을 거쳐야 비로소 우리 아이는 건강하고 행복하게 자라날 수 있다. 거친 톱날이 위험하다고 말하며 보호해주는 어머니도 필요하지만, 톱을 다루는 방법을 알려주고, 서툴러도 괜찮다고 지지해주는 아버지도 꼭 필요하다.

그래서 필자는 아들과의 소통에서 어려움을 겪는 어머니에게 이렇게 말씀드리고 싶다. 아버지와 어머니는 각자 맡은 역할이 조금 다를 뿐이지, 결코 틀린 것은 아니라고 말이다.

아들을 둔 엄마들의 고민 BEST 3!

이번에는 상담 시 어머니들이 가장 많이 물어보고 걱정하는 질문 3개를 뽑아봤다.

미술학원이라는 공간에서 진행되다 보니 미술과 연관된 질문, 설명이 많이 나오지만, 육아라는 큰 틀 안에서 보면 어디든 적용될 수 있다.

많은 어머니가 아이 교육을 가장 큰 고민으로 꼽았다.

《아이들이 실패하는 이유》의 저자 존 홀트에 따르면 아이들은 자신이 정한 때와 자신의 방법으로 배우기 시작한다고 한다. 미술로 예를 들자면, 남자아이는 주로 동그란 머리와 작대기로만 이어진 졸라맨 캐릭터를 즐겨 그린다. 이 캐릭터를 이용해 총을 든 군인, 히어로, 악마를 표현한다. 자신만의 이야기를 효과적으로 진행하기 위해서다. 아이가 연습장에 졸라맨과 탱크, 무기들을 그리며 혼자서 노는 풍경은 흔히 볼 수 있다. 그것은 미술일까 아닐까?

한번은 수업 때 어떤 아이가 총을 만들고 싶다고 했다. 짐짓 모른 척하며 "대체 어떻게 생긴 총이야? 한번 보여줘 봐"라고 하자 자신이 어떤 총을 만들고 싶은지 상세히 그려줬다. 바로 자신이 '이야기를 하고 싶은 때'에, '자신의 방법(그림)'으로 의사소통을 시도한 것이다. 만약 이 아이가 총의 모습을 그림으로 잘 표현하지 못해 답답해하고 더 배우고자 한다면 바로 지금이 그림을 배울 때가 된다.

미술에만 국한된 것이 아니라, 국어와 수학, 영어 등 모든 교육에서도 마찬가지다.

학부모의 반복되는 질문 속에서 아들이 뒤처지지는 않을까, 잘못된 길로 가고 있는 것은 아닐까 하는 두려움을 엿볼 수 있었다. 필자의 답변이 완벽한 정답이 될 순 없지만 작은 불빛 하나 정도라도 돼드릴 수 있다면 더 바랄 것이 없겠다.

BEST 1. 제대로 된 그림 좀 그렸으면 좋겠어요
아이는 '써먹기 위해' 그림을 그린다

엄마는 아이가 학교에 들어가기 전까지는 어떤 그림을 그리든 상관하지 않는다. 그러다 학교에 가기 시작하면서 엄마의 불안감은 커지기 시작한다. 학교 미술 시간에 계속 졸라맨만 그려오는 아들을 보며 '우리 아들만 미술 수업에 뒤떨어지는 건 아닐까?' 고민한다.

학원 수업 초기만 하더라도 "우리 아이가 원하는 대로 편하게 수업해주세요"라고 말하던 어머니도 시간이 지나면 "이제 슬슬 제대로 된 그림을 좀 그렸으면 좋겠어요. 혹시 정물화나 인물화를 좀 가르치시면 안 될까요?"라고 물어보시곤 한다. 아이의 선호보다는 다른 아이와의 경쟁에서 밀리지 않았으면 하는 바람이 더 커졌기 때문이다.

이 문제로 상담할 때면 항상 "어머니께서는 언제 그림을 그리시나요?" 하고 물어본다. 사실 성인의 경우 미술을 취미로 갖고 있지 않은 한, 그림 그릴 일은 거의 없다. 그리지 않는다는 대답이 돌아오면 또 한 번 질문한다. "왜 평소에 그림을 그리지 않으시나요?"

이 질문을 받으면 '그거야 당연한 거 아닌가요?'라는 표정으로 "그릴 일이 없으니까요"라고 대답하신다. 즉, 살아가는 데 그림을 그려야 할 이유가 없기에 그림을 그리지 않는 것이다.

우리 아이들 또한 마찬가지다. 학교에서 선생님이 제시하는 그리기 주제와 커리큘럼은 아이에게 그리기 싫은 주제일 가능성이 크다. 즉, 학교의 미술 커리큘럼은 남자아이에게 '그릴 필요가 없고, 써먹을 일이 없는' 활동이다. 만화 캐릭터에 푹 빠져있거나 머릿속에 히어로가 활동하는 아이에게 '방학 동안 있었던 일 그리기'나 '우리 가족 그리기'가 과연 그릴 필요가 있는 주제일까? 차라리 '외계인이 나타났을 때 퇴치법 3가지 그려보기'라는 주제에 더 열광할 것이다. 재밌지도 않고 필요해 보이지도 않는 일에 순종적인 모습을 보이는 아이는 흔치 않다. 반항심이 높은 남자아이는 종이를 찢어버리거나 아무것도 그리지 않는 등 과격한 회피 방법을 쓰기도 한다. 억지로 그림을 그리게 시킨다면 상황은 점점 악화될 뿐이다.

그렇다면 부모님과 선생님의 역할은 무엇일까? 바로 그림의 필요성을 느끼게 해주는 것이다. 우리는 길을 설명하다 답답하면 메모지에 약도를 그린다. 즉, 그리기는 의사소통의 도구다. 이 사실을 아이에게도 분명히 이해시켜줘야 한다.

필자는 수업 때 10분 동안 말 대신 그림으로 말하는 시간을 갖는다.

감정은 스마트폰 메신저에 있는 이모티콘으로, 행동은 졸라맨의 다양한 포즈로 표현한다. 수업을 진행해보면 간단한 이모티콘과 포즈만으로도 수많은 대화가 가능하다. 이렇게 간단한 대화부터 그리기가 이뤄져야 한다. 그래야 아이들이 '그리기는 효과적인 전달방법'임을 인지하고 그리기에 관심을 가진다.

BEST 2. 아이를 위해 제가 무엇을 해야 할까요?
아들도 어머니가 재미없는 것을 바로 알아챈다

가끔 아이의 산만함이 자신 때문이라고 자책하는 어머니도 있다. 본인의 육아를 되돌아보는 자세는 좋지만, 지나친 자기 탓은 오히려 아들의 자존감마저 떨어뜨릴 수 있다.

"글쎄요. 밥 세 끼 잘 먹이고 잘 곳이 있는 것만 해도 잘 키우고 계신 것 아닐까요?"라고 웃으며 어머니께 말씀드리면 "듣기만 해도 위로가 되네요. 근데 우리 아들은 전혀 알아주질 않는 것 같아요"라며 쓴웃음을 짓는다.

요즘에는 과거 가정에서 이뤄졌던 많은 것들이 외부에서 해결되고 있다. 집에서 가지고 놀던 다양한 장난감이나 레고는 키즈카페나 블록방에서, 부족한 학습은 학원에서, 에너지 발산은 태권도 학원에서 해결한다. 이른바 아웃소싱을 통해 가정의 역할이 감소하면서 자연스레 부모님의 역할도 줄어들고 있다. 하지만 외부기관이 절대로 대체할 수 없는 가정의 역할이 분명 있다. 이를 알기 위해서는 먼저 '부모님이 행복한 취미 생활'을 찾아야 한다.

아이의 흥미를 유발하기 위해 취향에도 맞지 않는 미술, 피아노, 태권도 등을 억지로 함께 배우는 것은 시간 낭비다. 아이도 어머니가 재미없어한다는 사실을 바로 알아채기 때문이다. 아이는 자신과 가장 많은 시간을 함께하는 사람을 닮아간다. 특히 초등학교 시기에 뇌가 급속도로 발달하는데, 이때 무의식적으로 부모님의 행동과 가치관을 그대로 따라 하게 된다.

그래서 우리 아이가 행복해지려면 부모님이 먼저 행복해야 한다. 자신이 좋아하는 행복한 일을 먼저 찾고 아이와 함께해야 하는 이유다. 그것이 미술이 됐든 바느질이 됐든 간에 아이에게 '행복해하는 부모님과 즐거운 일을 함께하고 있다'는 기분이 들도록 해줘야 한다.

BEST 3. 한 가지 주제에만 빠져있어요.
편협한 아이가 되면 어쩌죠?

아들은 자신이 좋아하는 주제로 세상을 보는 프레임을 만든다

사람은 누구나 자신만의 창문(프레임)을 가지고 세상을 바라본다.

'보이지 않는 고릴라'라는 유명한 실험이 있다. 실험자에게 흰색 셔츠 입은 사람 세 명과 검은색 셔츠 입은 사람 세 명이 동그랗게 모여 서로 농구공을 패스하는 영상을 보여주고 사람들이 몇 번 농구공을 패스하는지 횟수를 세라고 한다. 영상 중간에 갑자기 고릴라 옷을 입은 사람이 등장해 고릴라처럼 가슴을 두드리고 사라진다. 영상이 끝나고 실험자들에게 고릴라 옷을 입은 사람을 봤냐고 물어보자 놀랍게도 절반이 넘는 사람이 고릴라 자체를 인식하지 못했다.

그만큼 우리는 자신이 보고 싶은 것만 본다. 이것이 프레임의 힘이다. 우리는 자신이 원하는 것, 필요한 것만 보며 살아가지 모든 것을 받아들이며 살지 않는다.

아이 또한 마찬가지다. 공룡을 좋아하는 아이는 공룡을 통해 세상을 바라본다. 어떨 때는 자동차 타이어가 공룡의 눈처럼 보일 수도 있고 나뭇가지의 무성한 패턴에서 티라노사우루스의 실루엣을 발견하기도 한다. 이런 아들이 걱정된 어머니가 공룡 책이나 장난감을 멀리 치우는 사례도 심심찮게 들려온다. 하지만 그것은 세상을 바라보는 아이의 창문을 검게 칠해버리는 것과 같다. 아이의 세상은 짙은 암흑으로 변해버린다.

중요한 것은 창이 얼마나 크고 투명하느냐다.

어떤 형태의 창문인지는 중요하지 않다. 작고 불투명한 창문이 여러 개 있는 것보다 거실 발코니 창처럼 크고 시원한 창문이 훨씬 좋다. 아이의 세계가 커질수록 마음속 창문 또한 점점 커져서 더 많은 세상을 보게 된다. 즉, 주제의 확장이 일어난다. 다른 풍경을 볼 수는 마음의 여유가 생기는 것이다. 이 여유가 중요하다. 자신이 좋아하는 것을 충분히 탐구하고 볼 수 있게 해줘야 한다. 그렇게 되면 아이는 자신이 원하는 때에 다른 것을 볼 수 있는 여유를 가지게 된다.

만족하지 않으면 여유는 생기지 않는다. 아이의 창문을 무조건 닫고 보는 것이 능사가 아니라는 뜻이다.

부모의 지나친 열정이 아들을 공부와 멀어지게 한다

잠깐 기억을 되짚어보자. 학창 시절 공부하기 가장 싫었던 때가 언제인가? 이제 막 공부하려 책상에 앉았는데 갑자기 부모님이 방문을 열고 "제발 공부 좀 해라!"라고 소리쳤을 때가 아닐까? 이 말을 들으면 갑자기 하려고 했던 공부는커녕 왠지 묘하게 짜증이 나서 성질부터 부리게 된다. 하려던 것을 하라고 들었을 뿐인데도 미묘한 반발심이 생긴다.

사회에 나가서도 마찬가지다. 지금 막 지시받은 업무를 끝내고 상사에게 전달하려는 찰나, 상사의 고함이 들린다.

"대체 그거 하나 붙잡고 언제까지 하려는 거야? 당장 끝내서 가져와!"

방금 전까지 보고하려던 마음은 온데간데없이 사라지고, 될 대로 되라는 심정으로 괜히 30분 정도 늦게 보고하게 된다.

성인도 이럴진대, 아직 다 자라지 못한 우리 아이의 경우엔 더하면 더했지 결코 덜하지 않다. 성인보다 이성적으로 판단할 수 있는 능력과 인내심이 떨어지기에 욱하는 마음에 반항하기 쉽다.

그렇기에 부모의 지나친 관심과 교육열은 그저 아이를 믿고 지켜만 보는 것만 못한 결과를 낳을 수도 있기에 주의가 필요하다.

열정도 할인이 된다?
공부 좀 하라고 듣는 순간 하기 싫어지는 이유

사회심리학자 켈리(Kelly)는 "자신의 자유의지로 시작한 행동일지라도 누군가 하라고 명령하는 순간 자유의지가 꺾여버린다"고 말한다. 이를 '내적 원인의 할인원리'라고 부른다. 내가 하려고 했는데, 누군가 옆에서 부추기면 왠지 내가 시작한 것이 아닌 듯한 불쾌감이 드는 것이다. 마치 다른 사람을 깜짝 놀라게 하려고 준비한 비밀 파티를 누군가 떠벌리고 다니는 것과 같다. 상대방이 전혀 예상치 못한 상황에서 즐겁게 해주려고 준비했는데 김이 새어 버리면 의욕이 확 떨어져버릴 것이다.

상대방이 나의 즐거움을 훔쳐버리는 것이다. 사회심리학자 데시(Deci) 또한 '내발적(內發的) 동기부여'라는 개념을 통해 이 원리를 설명한다.

사람은 누가 시키지 않고 스스로 무언가를 했을 때 만족을 느낀다. 대표적인 예가 자원봉사다. 수많은 재해의 현장을 보면 구호단체뿐 아니라 개인도 사비를 들여 비행기를 타고 구호활동을 한다. 국내에서도 크고 작은 봉사활동에 사람들은 자신의 시간과 비용을 아낌없이 투자한다. 그러나 만약 누군가 연탄봉사를 하라고 권유한다면, 그것은 자발적 봉사가 아니라 명령이 돼버린다. 사람을 자발적으로 움직이는 것은 자신의 의지이지 누군가의 명령이 아니다.

배움의 주도권은 누구에게 있는가?
세계 리더를 키울 것인가, 앵무새를 키울 것인가?

어른도 지시를 받으면 하기 싫어진다. 하물며 아이의 경우는 어떨까. 아이는 사회적, 신체적 특성상 어른의 보호를 받는 위치에 있을 수밖에 없다. 어쩔 수 없이 자신의 의지보다는 부모님, 선생님이 시켜서 하는 경우가 많다. 특히 학교에서 배움의 영역은 선생님이 모든 권한을 쥐고 있다. 아이들은 어디까지나 배워야 하는 입장에 있다 보니 수동적이 될 수밖에 없다. 특히 한국의 교육은 토론보다 일방적인 주입 교육 위주기에 더하다. 이 상황에서는 누구도 배움에 대한 즐거움을 느끼기 어렵다. 그저 위에서 내려오는 지식을 받아들이기만 하다 보면 어떤 것이 나에게 맞는지, 내가 무엇에 흥미가 있는지 생각하고 음미할 시간이 없다. 배움이란 지루하고 하기 싫어도 해야만 하는 것이라는 인식을 갖게 되는 것이다.

최근 세계의 경제와 문화를 주도하는 유대인의 자식 교육법에 대한 연구가 활발하다. 구글 창업자, 페이스북 창업자, 워렌 버핏 등 세계를 움직이는 리더의 공통점 중 하나가 바로 유대인이다. 유대인식 교육의 핵심은 바로 토론식 교육이다. 그들은 "교사 혼자만 떠들고 아이들은 잠자코 듣기만 한다면 이는 앵무새를 길러내는 것과 같다"고 말한다. 이제 배움의 주도권을 나눌 때가 됐다. 선생님의 권한을 아이들에게도 나눠줘야 한다. 아이들은 스스로 배울 때를 정하기 때문이다. 자신에게 필요한 지식이라고 판단될 때 아이들은 즐겁게 배우기 시작한다.

어른의 열정이 배움의 주도권을 뺏는다
아이의 자발성을 믿어보자

"학생의 시간과 에너지는 점점 더 많은 사실을 배우는 데 쓰이기 때문에 정작 사고를 할 시간은 거의 남지 않는다."

-에리히 프롬-

수업하다 보면 유독 지쳐있는 아이들을 보게 된다. 대개 다른 학원에 갔다가 왔거나, 또 다른 학원을 가야 하는 경우다.

요새 우리 아이들은 보통 3~4개의 학원에 다니고, 많게는 7~8개까지 다닌다. 어떤 아이는 직장인보다 더 빠듯하다는 생각이 들 만큼, 주말 내내 혹사당하기도 한다. 재미있는 건 어머니의 반응이다.

"좀 많다고 생각하시겠지만 다들 이 정도는 다녀요."

"태권도, 검도, 미술은 어차피 노는 거니까 상관없지 않을까요?"

"어릴 때부터 다양한 자극이 필요하다고 들었어요."

이분들이 말하는 공통점은 결국 모두 아이를 위해서라는 것이다. 하지만 조금만 더 이야기해보면 사실 다른 아이와의 경쟁에서 뒤처지는 것을 두려워하는 속마음을 엿볼 수 있다. 부모의 두려움을 덮기 위해 짜인 수많은 학원과 커리큘럼은 결국 우리 아이가 감내해내야 한다.

미술 수업 때 작품을 만들다가도 "아, 바로 또 학원 가야 되네"라고 말하며 다소 지친 표정을 짓는 아이를 볼 때마다 안타까운 마음을 금할 수가 없다. "학원 가는 거 힘들면 몇 개라도 안 다니고 싶다고 말해보는 게 어떨까?"라고 넌지시 물어봤더니 "어차피 집에 가도 할 일도 없으니까 그냥 가는 거예요. 친구들도 학원에 가야 만날 수 있고요"라는 한숨 섞인 대답을 들을 수 있었다. 학원에 가지 않으면 할 일이 없고, 친구들조차 만날 수 없는 게 우리 아이들이 처한 현실이다.

우리의 어린 시절은 어땠는가? 놀이터에 나가면 동네 친구와 형들이 항상 있었고 즐겁게 노는 법을 배울 수 있었다. 무엇보다 중요한 것은 스스로 노는 법을 만들어냈다는 점이다. 조약돌 하나면 비석치기, 공기놀이, 땅따먹기 등을 하면서 하루 종일 놀 수도 있었고, 만나는 친구마다, 동네마다 놀이 방법과 규칙이 조금씩 달랐다.

에리히 프롬은 "아이와 어른이 구별되는 가장 큰 특징은 바로 스스로 할 것을 만들어내는 자발성이다"고 했다. 배움 또한 마찬가지다. 스스로 배우고자 하는 자발성이 있을 때 가장 효과적으로 습득할 수 있다.

그리고 그 자발성은 배움의 주도권을 가지고 있을 때 생겨난다.

아이과 어른은 배움의 주도권을 마치 공놀이처럼 주고받아야 한다

주도권과 책임감을 함께 넘겨줘야 한다

수업하다 보면 대단히 건방지게 보이는 아이들을 많이 만나게 된다. 글루건을 위험하게 사용하는 것 같아 뺏으려고 하면 손으로 선생님을 쳐내는가 하면, 상자 접는 법을 알려주기도 전에 상자를 이리저리 구겨보고 급기야는 찢어버리기도 한다. 아이들은 이렇게 뭐든 스스로 해보려고 한다. 어른들의 개입을 싫어한다. 선생님이 정성껏 샘플 작품을 준비해도 보란 듯이 다른 주제를 찾는다. 다른 학원이나 학교에서는 '건방진 아이'라고 생각할지도 모르는 행동을 내 수업 때는 아무렇게나 한다. 나름의 규칙을 적용하고 그 내에서는 아이들 마음대로 활동할 수 있도록 독려했기 때문이다.

이때 배움의 주도권이 누구에게 있는지, 얼마나 주도권을 서로 유기적으로 주고받는지가 중요하다. 남자아이는 절대로 자신의 주도권을 쉽게 포기하지 않는다. 특히 선생님이 열심히 준비하고 권유할수록 내적 동기부여가 감소하면서 거부하는 일도 잦아진다. 자기 뜻대로 하다 하다 안 되면 그제야 나에게 "이거 어떻게 해요?"라고 하면서 주도권을 넘긴다. 그리고 어느 순간 다시 주도권을 쥐고 자신의 작품을 만든다.

초창기에는 많은 재료들, 많은 샘플들이 있으면 아이들이 자극을 받고 자연스럽게 따라 할 것으로 생각했다. 하지만 아이들은 놀랍게도 멋진 샘플은 무시하고 저마다 만들고 싶거나 그리고 싶은 것을 미리 정하고 나에게 통보했다. 학원을 많이 다니는 아이의 경우 처음에는 나에게 커리큘럼을 요구했다. 배움의 주도권은 당연히 선생님이 갖고 있다고 세뇌돼버린 것이다. 특히 학원을 많이 다니는 아이일수록 주도권을 요구하는 일이 적었다. 선생님의 말이 곧 정답이며 수업은 정해진 커리큘럼만을 따라가야 한다 여겼다.

하지만 시간이 흐르며 필자의 수업에는 커리큘럼이 없고 자신이 만들어가야 한다는 것을 알게 되자 누구보다도 신이 나서 직접 주제를 정하기 시작했다. 마치 그동안 잃어버렸던 주도권을 되찾는 것 같았다. 물론 그렇지 못한 아이들도 있었다. 무기력에 매우 익숙한 듯 아무것도 하지 않는 아이들도 있었다. 선생님이 권한 주제만을 만들고 남은 시간은 놀기를 원했다. 그런 아이들에게 훨씬 더 많은 시간을 놀게 해줬다. 수업하며 절실히 느낀 것은 아이에게 배움의 주도권을 잘 지키는 법을 알려줘야 한다는 점이다. 무작정 놀기만 하면 안 된다거나 더 효과적인 표현을 위해 싫어도 배워야 할 것들, 안전을 위해 반드시 지켜야 할 규칙들 등 배움의 주도권을 계속 유지하기 위해 책임감 있는 태도를 함께 알려주는 것이다. 집에서도 마찬가지다. 부모 또한 아이를 믿고 주도권을 맡기는 용기가 필요하다.

모든 것을 아는 척하고 설명하지 마라

필자는 어릴 적 비행기를 무척이나 좋아했다. 계몽사 과학 전집 가운데서 비행기와 관련된 책만 책등이 떨어질 때까지 읽었고 생일에는 아버지께 면세점에서만 파는 비행기 모형을 사달라고 조를 정도였다. 그러던 어느 날, 미술학원에서 '자신이 제일 좋아하는 것'이 주제로 나왔다. 나는 당연히 비행기를 한 시간 동안 숨도 쉬지 않고 열심히 그렸다. 그때 그린 그림은 오른쪽과 같다.

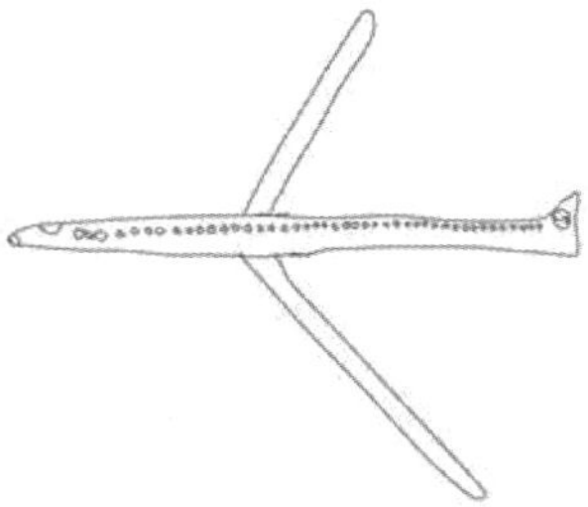

이것을 지금까지 기억하는 이유는 내가 비행기에서 가장 매력적이라 느꼈던 부분이 바로 동그란 창문이었기 때문이다. 수많은 창문이 줄지어있다는 게 신기해서 어떻게든 저 부분을 내 것으로 간직하고 싶었다. 수많은 창문을 모두 그려보고 싶어서 대략 50~60개의 창문을 일일이 모두 그렸다. 그뿐인가. 색칠까지 해야 했기에 창문과 창문 사이를 살살 칠할 수밖에 없었다. 이런 고행을 끝내고 나는 자부심을 한껏 품고 선생님께 자랑하러 갔다.

"어머. 용석아 비행기가… 비례가 전혀 안 맞네. 이렇게 그리면 안 되는데… (다른 선생님을 부르며) 이것 좀 보세요."

"어머머. 세상에 이 창문을 다 그린 거니? 이렇게 안 해도 되는데… 근데 비행기는 이렇게 안 생겼어요. 너무 길쭉하지 않니?"

이 말을 듣는 순간 더 이상 나는 비행기 전문가가 아니었다. 비례를 제대로 맞추지 못하는 아이일 뿐이었다. 이 순간을 위해 그동안 수많은 책을 읽고 장난감을 통해 항상 마음속으로 생생하게 그리곤 했다. 하지만 비례가 맞지 않는다는 이유만으로 이 비행기는 엉터리 비행기가 됐다. 그 뒤로는 왠지 모르게 자신감이 사라졌다. 그리고 지금에 와서야 이런 생각이 든다.

'그들은 과연 비행기에 몇 개의 창문과 엔진이 있는지, 날개 뒤편에 높이를 조절하는 또 다른 날개가 있고, 앞부분엔 레이더가

있는 걸 알고 있었을까? 나는 알고 있었는데…'

어른의 사소한 한마디가 우리 아이들을 상처 입히고 좋아하는 대상을 영원히 비참함의 상징으로 기억하게 할 수도 있음을 염두에 둬야 한다.

어른의 '아는 척'이 배움을 가로막는다

아는 척을 버리고 아들의 이야기에 귀를 기울이자

아이에게 나무를 그리는 법을 가르쳐본 적이 있는가? 대부분은 뿌리는 뾰족하게 그리고 가지는 마치 사람이 여러 개의 팔을 벌리고 있는 듯한 모양으로 그릴 것이다. 그리고 마무리로 가지 주변에 마치 파마한 머리처럼 잎을 그린다. 이것이 정말로 나무일까?

또 다른 예를 들어보자. 만화에서 거대한 고깃덩어리 양옆에 손잡이처럼 뼈가 튀어나와 있는 고기 모양을 본 적 있을 것이다. 흔히 '만화 고기'라고도 하는데 복잡한 부분은 제거하고 상징적인 부분만 남긴 모양이다. 하지만 이런 고기가 현실에 존재할까?

▲ 만화에서 볼 수 있는 일명 '만화 고기'. 하지만 현실에는 없는 부위다.

▲ 가지와 나뭇잎이 동시에 보이는 나무는 현실에 존재하지 않는다.

둘 다 현실에서 찾아볼 수 없다. 현실의 나무는 많은 가지와 불규칙적인 잎으로 구성돼있고 고깃덩어리 또한 불규칙한 모습을 하고 있다. 다만 전달하기 쉽도록, 상대방이 바로 알아볼 수 있도록 변형시킨 것이다. 아이에게 이를 가르칠 때 우리는 어른들이 만든 상징을 일방적으로 전달할 뿐이다. 하지만 이 정형화된 상징을 떠나서, 나뭇가지의 복잡한 모양이나 각기 다른 잎사귀, 나뭇잎 사이로 비치는 햇빛을 표현하고 싶어 하는 아이가 있을 수도 있다.

특히 남자아이는 자신이 좋아하는 주제뿐만 아니라 세부적으로 좋아하는 부분이 따로 있다. 공룡도 어떤 아이는 이빨을 상당히 뾰족하고 많이 그리는 반면 발이나 꼬리 부분은 빈약하게 대충 그리기도 한다. 반대로 발톱은 섬세하게 그리면서 이빨은 한 줄로 그려버리는 남자아이도 있다. 탱크도 전체적인 형태보다 캐터필러나 대포 부분에 더 많은 신경을 쓴다. 버스를 좋아하는 아이도 버스의 형태보다 버스에 있는 노선도, 광고, 글씨에 더 많은 관심을 두기도 한다.

이런 아이들에게 "뭐야, 버스 모양이 이상하지 않니? 좀 더 바퀴가 커야지"라든가 "무슨 공룡이 이렇게 생겼니?"라고 아는 척을 하는 것이 진정한 교육일까? 오히려 왜 이빨을 특별히 많이 그렸는지, 버스에 빼곡히 있는 노선을 왜 적었는지 물어보는 것이 훨씬 교육적이다. 어떤 아이에게는 공룡의 이빨이야말로 적을 물어뜯을 수 있는 강함의 상징일 수 있지만, 다른 아이는 날카로운 발톱이야말로 공룡의 매력이라 여길 수도 있다. 이러한 차이가 곧 아이의 개성으로 이어진다. 하지만 어른들은 자신이 만든 상징을 아이에게 주입하려고 한다. 마치 비행기의 상징은 동그란 몸통에 두 개의 날개가 다인 것처럼 말이다. 누구나 생각하는 비행기를 그리라고 말하며 창의적인 교육을 논하는 것은 말도 안 된다.

샌드위치 레시피로 코딩을 가르친다?
아들의 명령에 무조건 따라보자

'샌드위치 레시피로 코딩 교육하는 아버지'라는 동영상이 화제가 된 적이 있다. 영상에서 아버지는 아들에게 샌드위치 만드는 법을 종이에 적어오라고 한다. 그리고 정확히 아이가 적어온 방법대로 행동한다. 예를 들어 아이가 처음에는 대충 '샌드위치 빵을 놓고 땅콩 잼을 바른다'라고 써왔다면 빵을 테이블에 놓은 뒤에 땅콩 잼 뚜껑을 열지 않고서 숟가락으로 계속 뚜껑을 두드리는 행동을 하는 식이다. 그제야 아이는 레시피에 '뚜껑을 연다'는 항목을 추가한다. 이렇게 아이가 써온 대로 행동하면서 재미있는 상황을 연출한다. 이 과정에서 코딩의 기본 원리를 가르치는 것이다. 실제로 프로그램이 실행되려면 명령어를 얼마나 상세히 적어야 하는지, 어떤 원리로 작동되는지 아이가 생생하게 경험하게 하는 것이다.

실제로 교육학자들은 이렇게 아이가 원하는 식으로 움직이면서 변화를 경험하게 하는 교육이 아이의 창의력 성장에 큰 도움이 된다고 말한다. 창의적 교육은 이렇게 일상에서 누구나 할 수 있다. 아이가 이해할 수 있도록 쉽고 재미있게 가르치는 교육이 시작될 때, 아이는 더 많은 것을 배우고 싶어 한다. 절대 아이들에게 아는 척하지 말자. 설명하려 하지 말자. 어설픈 훈수를 두려고 하지 말자. 무엇을 그리려고 했는지, 왜 모든 형태를 포기하고서라도 그 부분만은 집중적으로 그리거나 만들었는지 관찰하고 물어보자. 그 부분이야말로 바로 우리 아이의 개성과 창의력의 원천이다.

몰아붙이면 아들은 아무것도 알려 하지 않는다

잠깐 간단한 서술형 퀴즈를 풀어보자.

다음 대화에서 괄호 안을 채우시오.

"용석아, 항상 말하지만 절대로 젓가락을 콘센트에 넣으면 안 된다!"

"응."

(어느 날 용석이는 쇠젓가락을 콘센트에 넣고 말았다. 순간 집안은 정전이 된다)

"용석아!(　　　　)! 내가 그렇게 (　　　　)했는데!"

"왜 (　　　　)? 빨리 말 (　　　　)?!"

아마 어릴 적 말썽을 많이 피웠던 어른이라면 대충 감이 올 것이다. 그렇게 하지 말라고 해도 하는 아이의 심리와 몰아붙이는 엄마 앞에서 아무 말도 안 하는 이유를 알아보자.

어릴 적 어머니께서는 모든 부모님이 그렇듯이 안전교육만큼은 엄하게 하셨다. 엄마가 요리하고 있을 때는 절대로 부엌 가스레인지 근처에 오지 말 것, 유리가 깨지면 무조건 뒤로 물러나서 다가가지 말 것, 무엇보다 찬장에 있는 크리스털 컵은 절대 건들지 말 것(깨지면 다른 컵보다 훨씬 날카롭다고 가르쳐 주셨다. 하지만 지금 생각해보니 컵 하나에 5만 원 정도 했던 걸 고려하면 다른 이유가 있었던 것 같다) 등 구체적이고 다양한 상황을 대비해 '하지 말 것' 들을 알려주셨다. 그중에 가장 위험한 것은 집 안에 있는 수많은 구멍에 절대로 젓가락을 넣지 말라는 항목이었다. 마치 최초의 인간인 아담에게 선악과를 따먹지 말라고 할 때와 같은 수준의 명령이기도 했다. 어릴 적 콘센트는 '이상하게 생겼지만 엄청난 힘을 가진 녀석'이었다. 선풍기를 구멍에 꽂으면 힘차게 돌아가고 패미컴 게임기의 전선을 갑자기 뽑으면 형이 비명을 지른다. 대체 이 구멍의 정체는 무엇인가? 여기에 왜 젓가락을 넣으면 안 되는 걸까? 보기에도 딱 알맞게 생겼는데 말이다.

하지 말라고 할수록 더 하게 되는 이유
우리의 뇌는 이미지로 기억한다

"빨간불일 때는 절대로 길을 건너면 안 돼!"라는 말을 들었을 때 어떤 이미지가 떠오르는가? 대부분 횡단보도의 신호등이 빨간색이고, 사람들이 가만히 서서 신호가 바뀌길 기다리는 장면을 떠올릴 것이다. 또는 신호등의 빨간불과 가만히 서있는 듯한 신호등 내의 사람의 형상이나.

이번에는 "초록불일 때 길을 건너면 돼"라는 말을 들었을 때의 이미지는 무엇인가? 다 같이 횡단보도를 건너는 장면, 또는 신호등의 파란색 불과 경쾌하게 걷는 듯한 캐릭터가 떠오를 것이다. 어떤 말을 들었을 때 이처럼 이미지가 머릿속에 떠오르는 것은, 우리의 뇌가 이미지로 기억하는 것을 좋아하기 때문이다.

단순한 암기보다는 이미지화된 정보가 훨씬 기억하기 쉽다는 것은 이미 예전부터 알려진 사실이다. 기원전 556~468년 고대 그리스에 시모니데스(Simonides)라는 철학자가 살고 있었다. 그는 젊은 시절부터 달변가이자 시적 재능이 뛰어나 높은 사람들의 축제나 연회에 곧잘 초대됐다. 어느 날 한 귀족의 파티에 참석했는데 그가 잠시 자리를 비운 사이 강풍이 불어 연회장이 무너져내렸다. 이후 달려온 사람들과 유족이 시신을 수습하고자 했지만 건물의 잔해로 형체를 알아볼 수 없었다. 이때 유일한 생존자였던 시모니데스는 집안 구조부터 무너지기 직전 누가 어디에 있었는지 완벽하게 기억해내 유족들이 시신을 수습하는 데 도움을 줬다고 한다. 오늘날 '기억의 궁전'이라고 불리는 이 기술은 많은 전문가들이 사용하는 암기 기술 중 하나다.

가까운 예로 동창회를 떠올려보자. 어린 시절 대부분 아이들은 서로의 이름보다 생김새나 성격을 별명으로 부른다. 까칠이, 개구리, 외계인 등 듣기만 해도 바로 생김새나 성격이 떠오르는 단어들이다. 수십 년이 지나 처음 본 친구들끼리 처음엔 머뭇거리지만 별명을 기억해내는 순간 친구의 모든 것이 기억나는 것과 같다.

아이에게 무언가를 알려주고 싶다면, 내가 하는 말이 아이에게 어떻게 이미지화되는지를 먼저 생각해볼 필요가 있다. 아이의 머릿속에 내가 한 말이 위험한 이미지로 그려질지 아니면 '한번 해보고 싶다'는 호기심을 품을만한 이미지인지 고민해봐야 한다. 어머니가 나에게 콘센트에 '젓가락을 절대 넣지 말라'고 하신 말씀을 이미지화시켜 보면 '젓가락을 넣으면 분명 어떤 일이 일어날 것만 같다. 어떤 일이 일어날지 궁금하다!'가 된다. 하지 말라고 할수록 더 하게 되는 이유가 바로 여기에 있다. 어떤 일이 일어날지 호기심을 갖는 것이다. 호기심은 세상을 알아가는 아이에게 필수적인 생존 방법 중 하나다. 하지 말라고 할수록 더욱 알고 싶어지는 것이다.

결국, 나는 호기심을 이기지 못하고 젓가락을 콘센트에 넣었다. 젓가락을 넣는 이미지는 결국 현실이 된 것이다. '펑!' 노란 불꽃과 함께 집안이 어두워졌다. 어디선가 어머니와 누나의 놀란 목소리가 들렸다. 사건의 전말 알게 된 어머니는 나를 계속 추궁했다. 그렇게 하지 말라고 했는데 왜 했냐고. 나는 아무 말도 하지 못하고 울다 잠이 들었다.

여기서 어른들이 조심해야 하는 것은 '왜 했느냐'는 질문이다. 다른 친구 작품에 손을 대지 말라고 해도 꼭 부숴버리는 아이가 있는가 하면 글루건을 안전상자에 넣지 않고 그대로 바닥에 두는 아이도 많다. 처음에는 아이들에게 '왜 그랬냐'고 물어봤다. 아이들은 대부분 아무 말도 하지 못했다. 왜 다른 친구 작품을 망가뜨리고 안전규칙을 지키지 않는지, 왜 하지 말라고 하는 것만 하는지 답답하기도 했다. 그러나 사실 본능적으로 나도 아이도 알고 있다. 남자아이 내면에 강렬히 자리 잡은 호기심이 '어떤 일이 일어날지' 상상하게 하면서 부추겼다는 것을 말이다. 결국 아이는 '그냥'이라고 대답할 수밖에 없다. 하지만 항상 '정답'과 '바람직한 행동'을 원하는 어른들에게 그냥이라는 단어는 이기적으로 들릴 수밖에 없다.

남자아이의 그냥이라는 단어에는 수많은 의미가 있다

말로 표현하기 어려운 것 = 그냥

어머니의 다그침 속에 나는 그냥이라는 말이 목구멍까지 올라왔다. 하지만 그 말이 상황을 악화시킬 거라는 것을 알기에 아무 말도 하지 못했다. 지금도 수업할 때 아이들에게 왜 그랬냐는 질문을 하면 '그냥요'라는 말을 많이 한다. '그냥요'라는 말 안에 있는 강렬한 호기심, 결과에 대한 궁금증을 엿볼 수 있다. 결국 아이들에게 내가 말할 수 있는 것은 단 한 가지다.

"그래, 해보니까 어때?"

그제야 아이들은 나에게 '실험결과'를 보고하기 시작한다. 물감들을 마구 짜서 뒤섞으면 똥색이 된다는 것과 글루건을 차가운 물속에서 짜보니까 바로 굳으면서 하얀 지렁이들이 탄생한다는 보고 등…….

어머니가 하지 말라던 것을 기어이 시행해본 후에야 '콘센트 안에 젓가락을 넣으면 불꽃과 함께 집안이 어두워진다'는 사실을 알게 됐던 필자가 어찌 아이들을 탓하겠는가.

그날 아버지가 오시기 전까지 우리 집은 암흑 속에 있었다. 훗날 듣기에 어렸던 나는 아버지께 혼날 것이 무서워서 이불 속에 있다가 잠들어버렸다고 한다. 잠에서 깨어날 즈음, 집은 다시 밝아져 있었다. 그리고 아버지는 깨어난 나에게 이렇게 물었다.

"그래, 해보니까 어떻디?"

그제야 나는 안심하고 실험 결과를 말했다. 콘센트의 불꽃들과 갑자기 찾아온 어둠에 대해서……. 지금 생각해보면 아버지도 알고 계셨던 것 같다. 이런 실험은 남자인 나로서는 거부하기 어려운 유혹이었고 이제는 두 번 다시 똑같은 실수를 반복하지 않을 거라는 것을 말이다. 아버지는 혼을 내기보다는 엄마 말을 듣지 않으면 어떤 일이 발생하는가를 스스로 알게 한 것이다.

다그치기보다 결과에 책임지게 하라

무엇이든 만져보며 놀아도 되지만 망가지면 책임지고 고치게 하라

아이가 수업 도중 호기심이 하라는 대로 하다가 결국 친구 작품을 망가뜨리거나 선반의 물건들을 모두 쏟아버리면 어떻게 해야 할까? 화를 내며 선생님이 모두 치워야 할까? 수업을 중지하고 손을 들고 서있으라고 해야 할까? 아이가 하지 말라고 해도 물건을 엎어버렸을 때, 부모님은 대신 치워주면서 혼을 낸다. 안타깝게도 아이는 어머니 말을 새겨듣기보다 또 다른 문제를 일으키려 저 멀리 가버린다. 어머니는 한숨을 쉬며 아이가 지나간 자리를 치운다.

몸만 움직이는 것이 아이에게 눈을 맞추고 규칙과 책임감을 오랜 시간 가르치는 것보다 훨씬 편하기 때문이다. 하지만 이렇게 하다 보면 나중에는 부모가 책임져줄 수 있는 범위를 넘어버리게 된다. 개인적으로는 '무엇이든 만져보고 가지고 놀아도 되지만 망가지면 책임지고 고칠 것'을 고수한다. 호기심을 막을 수는 없다. 다만 호기심에는 그만한 책임감이 따른다는 것을 알려줘야 한다. 만약 친구 작품을 망가뜨렸는데 수리할 수 있는 범위를 넘어버린다면 직접 사과편지를 작성하게 한다. 왜 그랬냐는 질문보다 스스로 호기심의 대가를 치르게 하는 것이 아이의 책임감 형성에 훨씬 도움이 되기 때문이다.

심리학자 아들러는 '아이에게 벌을 주기보다는 결말을 경험하게 하라'고 한다. 가령, '장난감을 어지르고 치우지 않으면 장난감을 사주지 않겠다'라는 규칙을 세운다. 그 뒤로 아이가 치우지 않으면 아이가 아무리 울어도 규칙대로 사주지 않는 것이다. 이런 결말을 반복해서 경험하다 보면 나중에는 스스로의 의지로 규칙을 지키게 된다. 다그치고 혼을 내는 것이 아니라 결과를 경험하게 하는 습관이 아이의 책임감을 성장시키는 것이다.

아들은 아이가 아닌 작은 남자다. 서툴러도 무엇이든 혼자서 해내려고 노력한다. 한번 꽂히는 것이 생기면 그 분야의 전문가가 되려고 하고 힘이 없어도 어떻게든 힘센 걸 증명하려 한다. 여성 심리학은 있어도 남성 심리학이 없는 이유는 남자는 남자아이와 똑같기 때문이라는 말도 있다. 그러므로 남자아이는 무조건 애처럼 대할 것이 아니라, 자존감을 지켜주면서 책임감을 키워주기 위한 배려가 꼭 필요하다.

아들에게 용기 하나
“하고 싶은 게 없으면 하지 않아도 돼”

아무것도 하기 싫어하는 아이에게 아무것도 하지 않아도 된다고 말하면 아이들은 놀란다. 지금껏 자신에게 아무것도 하지 말라고 한 선생님이 없었기 때문이다. 처음에는 정말로 가만히 있어도 되는지 의심한다. 선생님 눈치를 보기도 하고 아무거나 의미 없이 집고서 하는 척하기도 한다. 이후에 선생님이 정말로 신경 쓰지 않을 때, 아이는 잠시 마음을 정리하는 시간을 갖는다. 결과물을 생각하지 않고 아무렇게나 재료들을 덧붙여 만들기도 하고 창밖을 멍하니 쳐다보며 자기만의 시간을 갖는다. 시간이 흐른 후 아이들은 선생님에게 하고 싶은 것이 생겼다고 말한다. 그때 반가운 마음으로 재료와 도구를 건네준다.

아이보다 우리 어른들은 훨씬 혹독한 환경에 처해있다. 매일 야근하고 주말까지 출근하는 통에 마음을 정리할 시간이 부족하다. 상사는 아무것도 하지 않아도 괜찮다고 말해주는 대신 좀 더 효율적으로 움직이라고 닦달한다. 주말에 텅 빈 시간을 보내면 낭비하는 것 같다. 어떻게든 남에게 자랑할만한 일들로 채우고 싶다. 하지만 아이들처럼 결과물을 바라지 않고 그저 멍하니 있는 시간이 절실히 필요하다. 스스로 아무것도 하지 않아도 될 시간을 줄 수 있는 사람은 바로 나 자신뿐이다. 지금이라도 힘들면 자신에게 아무것도 하지 않아도 된다고 허락해보자.

삶이 학원과 공부로 꽉 차 있는 아이에게 빈 공간이 필요하다

비어있는 생각에서 창의력은 싹튼다.

집 안에 그렇게나 물건이 많은데도 긴급한 일이 생겼을 때 정작 필요한 물건을 전혀 찾을 수 없다는 사실이 충격이었어요. "손전등은 어디 있지? 라디오는? 휴대용 가스버너는 있는데 가스 연료가 없다니!"

그녀는 지진을 계기로 정말로 필요한 물건은 뜻밖에 얼마 되지 않는다는 걸 뼈저리게 느끼게 됐다.

《아무것도 없는 방에 살고 싶다》 중에서

2011년 3월 11일 오후 2시 46분. 일본 도호쿠 지방에 진도 9.0의 사상 최고 규모의 지진이 일어났다. '도호쿠 대지진'으로 불리는 이 사건은 많은 사람의 삶을 바꿨다. 특히 '미니멀 라이프' 일명 '단샤리'를 지향하는 사람들이 늘어났다. 평소 자신에게 필요한 물건이라 생각했지만, 지진을 경험하고 나서는 그 물건들이 자신을 해칠 수도 있다는 생각을 한 것이다. 이 영향은 우리나라에서도 《아무것도 없는 방에서 살고 싶다》, 《인생을 단순하게 만들어 주는 정리정돈》 등의 도서와 함께 새로운 라이프스타일을 불러일으키고 있다. 미니멀 라이프를 통해 자신의 공간을 '자신에게 필요한 것, 소중한 물건'만을 남기고 남은 공간은 자신이 사랑하는 사람들로 채우는 것이다.

'빈 공간'은 비단 물리적인 것뿐만 아니라 우리의 마음에도 필요하다. 하루 종일 업무 생각으로 가득한 회사원, 조금이라도 빈 시간을 못 견뎌 스마트폰을 달고 사는 학생, 그리고 학교와 학원에서 내주는 숙제 생각에 가득한 아이. 우리는 항상 더 나은 삶을 위해 끊임없이 내면의 빈 공간을 온갖 걱정과 계획들로 채운다. 하지만 어느 순간 그런 생각과 걱정들이 우리를 '번 아웃(Burn-out)' 증후군으로 몰아간다.

요즘 아이들의 스케쥴은 학교 수업과 숙제, 다양한 학원과 과제들로 가득 차 있다. 매일 살인적인 학원 일과를 견디고 학습지가 쌓이기 전에 풀어놔야 한다. 초등학교에 입학하면 본격적으로 경쟁체제 모드로 들어가야 한다. 이미 한글과 영어를 선행학습으로 상당 부분 마스터한 아이들이 보이기 시작한다. 학부모 회의에서는 어머니들이 서로 은연중에 누가 어떤 학원을 다니고 얼마나 공부를 잘하는지 조사하기 시작한다. 이런 환경에서 어머니와 아이들은 조금씩 지쳐간다.

수업에 오는 아이 중 하루 2~3개의 학원 일정을 소화하고 온 아이들은 눈에는 피곤이 가득하다. 그래도 자신이 원하는 것을 만들고 놀 수 있다는 희망으로 수업에 온 것에 감사하기만 하다. 하지만 가끔 아무것도 하지 않고 멍하니 앉아있을 때 내심 걱정이 된다. 지친 아이들은 나에게 한숨 섞인 목소리로 말한다.

"오늘은 하고 싶은 게 없어요."
"도저히 만들고 싶은 게 없어요."
"그냥 가만히 있고 싶어요."

이때 내가 할 수 있는 것은 "그래. 오늘은 아무것도 하지 않아도 돼"라고 말하는 것뿐이다. 한때는 "그래도 선생님이 많이 도와줄 테니까 한번 같이 해보자"라고 하거나 "조금만 쉬었다가 선생님이 사탕 줄 테니까 먹고 힘내서 해보자"라고 말하며 아이들을 수업에 참여시키려 노력했다. 하지만 어느 순간 아이들 마음속 서랍은 이미 삶의 여러 가지 고민과 걱정으로 꽉 차 있는 것을 발견했다.

서랍이 꽉 차 있는 상태에서 내 말이 들어갈 리가 없다. 아이들에게 필요한 건 그저 자신의 공간을 비워낼 수 있도록 시간을 주는 것이다. 설령 아무것도 하지 못한다 한들, 그로 인해 어머니의 섭섭함을 들어야 한들 아이들에게 지금 필요한 것은 생각을 비우는 시간이기 때문이다.

놀랍게도 아이는 10~20분 정도만 자신만의 시간을 가지면 회복하기 시작한다. 길게는 30분 정도 교실을 돌아다니며 재료를 자르기도 하고 망치로 부수기도 한다. 의미 없는 작품을 만들고 부수기를 반복하기도 한다. 어떤 아이는 의자에 앉아 바깥 풍경을 멍하니 바라만 보고 있다. 처음에는 소중한 시간을 낭비하는 것 같아 눈앞에 손을 휘저으면서 아이를 깨우곤 했다. 하지만 이런 멍 때리기를 통해 아이들이 다시 수업에 집중할 수 있는 이유가 궁금해졌다. 아이뿐만 아니라 어른들도 가만히 창밖을 보고 있거나 카페에서 아무것도 하지 않은 채 멍하니 앉아있는 사람을 흔히 볼 수 있다. 왜 사람들은 멍하니 있는 것일까?

'멍 때리기'는 마음속 서랍을 정리하는 과정이다
머리를 비워야 새로운 생각이 탄생한다

사람의 뇌에는 기초 값(default mod)이 있다. 보통 '넋을 놓고 있는 상태'를 말한다. 이때 기능성자기공명장치(fMRI)로 우리 뇌를 보면 내측전두엽이 활성화된다(내측전두엽은 창의적인 상태에서 활성화되는 부위다). 이때 새로운 정보가 들어오면 내측전두엽은 비활성화되고 정보의 종류에 따라 두뇌의 다양한 부분이 활성화된다. 마치 뇌 속에 서랍이 있어서 필요한 서랍을 열어 내용을 꺼내고 다시 닫는 것과 같다. 하지만 정보가 끊임없이 들어오면 정리할 시간이 없어진다. 서랍을 열어 놓고 정리를 하지 않는 것과 같다. 나중에는 엉망이 돼버리는데 이때 집중력이 현저히 떨어지게 된다.

새로운 정보를 받으려면 기존의 정보를 정리하거나 버려야 한다. 그 과정이 바로 뇌가 기초 값일 때 일어나는 것이다. 즉, 멍때리는 것은 시간 낭비가 아니라 새로운 배움을 위한 정리 작업이다. 그 시간을 방해하면 오히려 스트레스가 높아지고 집중력이 떨어진다.

매튜 리버먼 미국 UCLA 교수는 《사회적 뇌》에서 "뇌가 디폴트모드 상태에서 사회적 세계에 대한 학습을 한다"고 주장한다. 즉, 멍 때리는 동안 사람들은 친구나 가족 등을 관계를 생각하는 시간을 갖는다는 것이다. 때로 갈등 관계에 있는 사람과 떨어져 지내며 서로의 잘못을 돌아보는 것도 같은 맥락이다. 매튜 교수는 "뇌가 쉬면서 사회적 지능을 발전시켜 종의 진화를 추구하는 전략을 택했기 때문"이라고 설명한다.

2014년부터 서울시에서는 '현대인의 바쁜 뇌를 쉬게 하자'라는 취지로 '멍 때리기' 대회를 개최하고 있다. 피자 배달부, 인디밴드 보컬, 수업을 빠질 수 있도록 허락 맡고 나온 여고생, 소방관 등 다양한 연령대와 직업을 가진 사람들이 참가한다. 심지어 외국인들도 참여하며 매해 규모가 커지고 있다. 참가자 대부분은 바쁜 생활에 자신의 마음을 챙기기 위해, 잠시나마 머리를 비우기 위해 왔다고 한다. 심지어는 제1회 우승자는 성인이 아닌 초등학교 2학년에 재학 중인 학생이었다. 그만큼 멍 때리기는 나이에 상관없이 필요하다.

아들에게 용기 둘
"잘 그리려면 잘 봐야 한단다"

대학생 시절 그림을 기가 막히게 잘 그리는 후배가 있었다. 상상하는 인물 캐릭터의 포즈는 물론 배경까지 모자라는 것이 없었다. 후배에게 창피함을 무릅쓰고 비결을 물어봤다. 그 후배의 대답은 지금까지 내 마음속에서 강한 울림으로 남아있다.

"선배, 그림은 손으로 그리는 게 아니에요. 눈으로 그리는 거예요."

처음에는 나를 놀리려는 말인 줄 알았다. 하지만 후배는 진지하게 이야기했다.

"진짜 보이는 대로 그려야 해요. 근데 사람들은 다 자기식대로 그려요. 그래서 못 그리는 거예요."

사실 그 당시에는 이 말의 의미가 크게 와닿지 않았다. 하지만 시간이 지날수록 이상하게 후배의 말은 내 마음속에 자리 잡고 뿌리 내리기 시작했다.

'그림은 눈으로 그린다?'
'진짜 보이는 대로 그린다?'
'사람들은 자기가 그리고 싶은 대로 그린다?'

여러 가지 의문들이 그 당시 내 마음속 바다에서 떠오르고 가라앉기를 반복했다. 이후에 뇌과학 관련 서적들을 읽기 시작했다. 시각이 뇌를 거쳐 어떻게 손으로 나타내는지 궁금했다. 이후에 일본 지식의 거장 다치바나 다카시의 《죽음은 두렵지 않다》라는 책에서 의문을 풀어줄 만한 내용을 찾아냈다.

"우리의 뇌는 절대로 바깥세상을 그대로 보여주지 않습니다. 우리가 무언가를 본다는 것은 이미 뇌에서 해석한 이미지를 보는 것과 같습니다. 뇌는 우리가 관심을 가질만한 정보만 추려내고 나머지는 보여주지 않습니다. 만약에 사진을 찍어서 인화된 사진을

본다고 해도 사진을 보는 것 자체가 이미 뇌에서 적절히 우리가 원하는 정보만을 보여주는 과정에 불과합니다. 즉, 우리는 우리가 보고 싶은 것만 봅니다."

우리가 보는 세상은 이미 뇌가 한 단계 필터링을 한 이미지를 조합한 결과이다. 우리는 우리가 보는 것을 그린다고 생각하지만, 정확히 말하면 우리가 중요하다고 생각하는 것만 그리는 것이다. 많은 사람이 그림을 그리다가 연필을 집어 던지는 이유 중 하나가 대상의 한 부분만, 또는 관심 갖는 것만 자세히 그리다가 나중에 보니 전체 비례가 깨지기 때문이다. 즉, 자기가 그리고 싶은 대로 그리기 때문에 역설적으로 잘 그리지 못하는 것이다.

《오른쪽 두뇌로 그림 그리기》의 저자 베티 에드워즈는 "어렸을 때부터 나는 그림을 꽤 잘 그릴 수 있었다. 나는 매우 우연히 남보다 먼저 보는 방식을 알아챘기 때문에 그림을 잘 그릴 수 있게 됐다고 생각한다"고 말한다. 그만큼 있는 그대로 보는 것이 그리는 것보다 더 중요하다. 간단한 실험을 해보자. 집에 있는 육면체의 티슈 상자를 탁자 위에 두고 그려보자. 보통 사각형을 그린다. 하지만 다시 한번 집중해서 상자의 모서리를 눈으로 따라가면서 그려보자. 만약에 '보이는 대로' 그렸다면 그림 A가 아닌 그림 B처럼 나올 것이다. 머릿속에서는 앞면이 각각 90도인 직사각형을 그리라고 속삭이겠지만 자세히 보면 직사각형이 아니다. 뒤로 갈수록 사각형은 조금씩 좁아진다. 원근감으로 인한 효과 때문이다. 실제 보이는 형태는 머릿속과 전혀 다른 것이다. 이것을 '실루엣 그리기'라고 명명하고 아이들에게도 진행했다. 그리고 재미있는 사실을 발견했다.

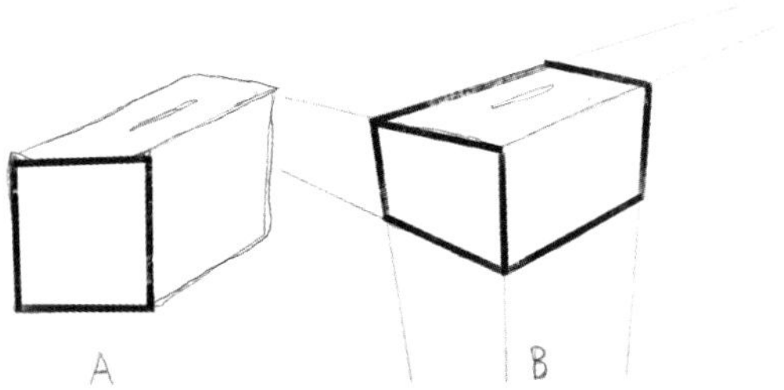

아이는 그림을 '보고' 그리지 않는다
관찰 대신 자기 생각을 그리는 데 익숙하다

실험해보면서 가장 놀랐던 부분이다. 대부분 아이는 본인이 프린트한 캐릭터를 보지 않았다. 미묘하게 시선이 다른 곳을 향한다. 특히 선생님이 보라고 할 때 프린트를 보는 것이 아니라 자신의 그림만을 보면서 그린다. 때로는 전혀 다른 곳을 보고 그리기도 했다. 이를 통해 '저마다 머릿속에 있는 그림을 보고 그린다는 것'을 알 수 있었다. 현실의 사물을 관찰하고 그리는 것이 아니라 이미 머릿속에 저장된 이미지를 보며 그리는 것이다.

문제는 머릿속의 이미지는 마치 연기와도 같아서 뚜렷한 형태가 없고 매 순간 변한다는 점이다. 머릿속에 저장된 불완전하고 어설픈 사물을 보고 그리는 것이다. 그래서 아이들의 그림도 전체적인 비례가 틀리고 자신이 좋아하는 부분만 강조된다. 《아이들은 그림으로 말한다》의 저자이자 심리학자인 마틴 슈스터는 아이는 사물을 보고 그리는 것이 아니라 사물이 가진 형태를 간단하게 변환해서 그린다고 한다. 사람의 경우 동그란 머리부터 그린 후, 나머지는 마치 머리로부터 나온 가지처럼 선으로 그린다는 것이다. 즉 관찰해서 그리는 것이 아니라 '기억'해서 그린다. 그러므로 아이가 풍부한 그림을 그리려면 아이 내면의 '도형 도서관'에 많은 형태가 보존돼있어야 한다.

형태보다는 '개념'을 그린다
남자아이는 자신의 에너지를 표현하는 것을 좋아한다

아이들, 특히 남자아이들이 졸라맨을 그리는 이유는 무엇일까? 관찰한 바로는 졸라맨이 가장 적은 에너지를 들이면서 가장 빠르게 사람을 그릴 수 있기 때문이다. 적은 선으로 빠르게 사람을 그리라고 하면 어른들도 졸라맨을 그린다.

아이들이 언제부터 선을 인지하는지 알아보기 위해 연구가 호흐베르그(hochberg)는 자신의 아이를 상대로 한 가지 실험을 했다. 그는 아이에게 생후 22개월 때까지 선으로 그려진 어떠한 그림이나 사진도 보여주지 않았다. 그런데도 아이는 사물의 윤곽선을 인지했다. 그는 아이의 사물 윤곽선 인지는 지각의 발달에 따라 자연스럽게 형성된다고 결론지었다.

미술을 싫어하는 아이가 유일하게 즐겁게 수업에 참여하는 순간은, 바로 선생님과 싸우는 그림을 그릴 때다. 선생님이 공룡을 그리고 자신도 괴물을 그려 서로 싸우는데, 이때 서로 색연필을 이용해서 레이저와 미사일이 지나가는 궤적을 그린다. 특별한 형태는 없지만 자신이 '공격'했다는 것을 표현하는 아이들은 더 신나게, 다양한 색을 가지고 공격한다. 나중에는 컵에 있는 모든 색연필을 꺼내서 '핵폭탄'을 표현하며 도화지 전체를 칠하기도 한다. 아이는 자신이 표현하고 싶은 '궁극적인 무기, 폭발'을 모든 색깔로 표현하는 것에 큰 만족을 느낀다. 비록 거친 선들에 불과하지만 아이에게는 영화에서나 볼법한 강렬한 장면이다.

얼추 비례가 맞으면 잘 그린 그림으로 인식한다

비례를 맞추는 연습만 해도 그림 실력은 훨씬 나아진다

많은 아이가 그리기를 도중에 그만두는 이유는 비례가 맞지 않기 때문이다. 자신이 좋아하는 부분에만 집중하다가 고개를 들고 도화지를 전체적으로 보고 난 후 "선생님, 제 그림이 왜 이렇죠?" 하고 울먹이는 소리로 물어보는 아이도 있다. 그런 아이에게는 어느 정도 비례를 맞춰준다. 그리고 싶은 대상의 가로, 세로 길이를 파악해 도화지 중간에 +자 형태로 '범위'를 정해준다. "이 안에서 그림을 꽉 차게 그려봐"라고 비례가 맞도록 유도한다. 아이는 이 범위 안에 그림을 그리면서 안심하게 된다. 나중에 비례가 대강 맞으면 대부분 아이는 "우와! 잘 그렸다!"고 말하며 만족한다.

이를 통해 아이들이 은근히 '비례'에 민감하다는 것을 알 수 있다. 세계적인 일러스트레이터 버트 도드슨은 관객이 가장 직관적으로 파악할 수 있는 그림의 요소가 비례라고 한다. 아무리 그림을 잘 그려도 비례가 이상하면 감상자는 다른 좋은 점이 눈에 들어오지 않는다. 다행히 비례를 나누는 연습은 그림을 배울 때 가장 쉽게 향상시킬 수 있는 기술 중의 하나다. 개인적으로도 아이들에게 비례 연습을 가장 많이 권유하는 편이다. 비례만 잘 맞춰도 아이들은 자신의 그림을 꼭 껴안고 학원을 떠날 정도로 만족하기 때문이다.

* 실천, 간단하게 비례 연습을 권유하는 법

• 그림을 그려야 할 범위 정해주기

–그리고 싶은 주제를 관찰하며 대략적인 주제와 빈 공간이 얼마나 되는지 알아본다. 예를 들어 한반도를 그리고 싶은 아이가 있다면 한반도의 가로 세로 비율을 함께 알아보자. 한반도의 가로와 세로의 비율은(제주도 제외) 어림잡아 1:1.6이다. 스케치북이나 A4용지에 1:1.6 비율의 사각형을 그려준다. 사각형 밖에 그리면 반칙이라는 게임 규칙을 정해도 좋다. 아이는 흰 공백의 종이보다 이렇게 정해진 범위 안에서 그리는 것을 훨씬 편안해 했다.

• 실루엣으로 그린 후에 채우기

조금 더 관찰력이 높은 아이에게 시도해볼 만하다. 아이와 선생님의 합동 작전이 필요하다. 먼저 그려야 할 캐릭터를 보고 어디서부터 시작할지 정한다. 머리부터 시작하기로 했으면 선생님은 송곳이나 볼펜(잉크는 나오지 않게)으로 아이와 똑같이 그릴 준비를 한다. 이후에 선생님이 먼저 머리에서부터 코를 지나 어깨로 가면서 외곽선을 타고 내려온다. 아이도 선생님의 송곳을 보면서 똑같이 연필로 외곽선을 그린다. 이때 선생님은 아이가 지루해하지 않게 효과음(칼을 그릴 때는 칼 소리, 총을 지날 때는 총을 쏘는 소리 등)을 내며 함께 윤곽선을 그린다. 다 그리고 나면 다양한 실루엣이 나오는데, 아이에게 실루엣 속을 채워보라고 하면 많은 아이가 팔과 어깨 등을 채워가면서 만족감을 느낀다.

아들에게 용기 셋
아들과 함께하는 감정 수업

한 아이가 동갑인 친구의 도움을 받고 나서 갑자기 시무룩해한다. 조금 전까지만 해도 둘이서 선생님을 공격하고 칼싸움을 하며 작품을 만들던 아이였다.

사건의 전말은 이랬다. 아이가 상자를 접으려고 했는데 잘 접히지 않았다. 그러자 친구가 "내가 접어줄게"라고 하며 아이의 상자를 능숙하게 접어준다. 이후에 아이의 표정이 어두워지고 주눅이 든 것이다. 도와준 친구가 잠시 나간 사이 아이에게 물어봤다.

"왜 그러니? 무슨 일 있니?"

하지만 아이는 아무 말도 하지 않는다. 다만 눈가에서 눈물이 조금씩 고이기 시작한다. 그때 직감적으로 아이가 창피함을 느꼈다고 생각했다. 선생님이나 형과 같이 자기보다 나이가 많은 사람에게 도움을 받는 것은 창피하지 않다. 자연스럽기 때문이다. 하지만 자기와 동갑인 친구에게 도움을 받는 것은 남자아이의 자존심에 미묘한 균열이 생긴다. 친구는 나와 같은 대등한 존재지 도움을 받는 존재가 아니기 때문이다. 이때 아이에게 말했다.

"혹시 창피해서 그러니?"

그러자 아이는 주변에 아무도 없다는 것을 알고는 조용히 고개를 끄덕인다.

"방금 네가 느낀 감정은 창피함이라는 거야. 너와 같은 나이의 친구에게 도움을 받을 때 느낄 수 있는 거야. 앞으로는 친구가 도와준다고 해도 일단 직접 해봐. 그러면 덜 창피할 거야. 적어도 이제 상자 접는 건 확실히 할 수 있지?"

아이는 조용히 알겠다고 끄덕인다. 이후 수업에는 당연하게도 아이는 나에게 멋지게 접은 상자를 보여줬다. 그리고 친구와도 어색한 관계를 끝내고 다시 서로 편을 만들어 선생님을 공격한다.

자신이 어떤 감정인지를 알 때 아이는 성장한다
감성 지능이 높은 아이가 탁월한 리더가 될 수 있다

어떤 사람은 아이가 너무 예민한 것 아니냐고 말할 수도 있다. 하지만 아이에게는 소중한 감정이자 반드시 해결해야 할 삶의 문제다. 〈뉴욕 타임스〉지의 뇌과학과 심리학 분야의 전문 칼럼니스트인 골먼(Goleman) 박사는 《감성지능》이라는 책에서 이렇게 말한다.

"감성지능(E.I)은 자신과 타인의 감정을 얼마나 정확하게 인지하는지, 또 그 감정을 절제하고 구분해 행동할 수 있는 능력이 얼마나 높은지를 나타낸다. 감성지능이 높은 사람은 건강한 정신 상태와 강한 리더십을 갖고 있다. 감성지능은 타인과 협업해 뛰어난 성과를 내기 위해 필요한 능력 중 무려 67%를 차지한다."

앞선 사례의 경우도 자신의 감정을 제대로 알지 못했다면 한동안 친구와 미묘한 어색함이 감돌았을 것이다. 친구가 호의로 도와줬는데도 왜 자신의 기분이 나빠졌는지 모르기 때문이다. 두려움은 무지에서 나온다. 자신의 감정을 제대로 알지 못하면 친구 관계에서도 두려움이 생길 수 있다. 두려움을 극복하기 위해서는 자신의 미묘한 감정을 정확하게 파악해야 한다. 상담하다 보면 아들의 에너지가 너무 높아 주위 친구들에게 오해를 산다고 걱정하는 어머니가 많다. 아들은 그냥 툭 친 것뿐인데 친구는 폭력을 썼다고 선생님께 이르는 것이다. 그러면 아들은 억울하다고 분노한다고 한다. 이때 아들이 느낀 감정은 무엇일까? 어머니는 아이의 감정을 '억울함'으로 이해해야 할까?

억울함의 사전적 정의는 '아무 잘못 없이 꾸중을 듣거나 벌을 받거나 해 분하고 답답함'이다. 아들이 과연 아무런 행동을 하지 않은 것일까? 아들은 친구와 친해지기 위해 나름의 행동을 했다. 이 경우는 억울함이 아니라 자신의 에너지가 과하게 전달된 것이기에 서러움이 더 알맞다. 그러므로 어머니는 아이에게 이렇게 말하는 것이 좋다.

"억울한 것은 네가 아무것도 안 했는데도 친구가 네가 때렸다고 할 때 말할 수 있어. 지금은 너도 분명 친구에게 손을 대었잖니? 다만 네가 너무 세게 손을 대서 친구가 폭력으로 받아들인 거야. 이건 억울한 게 아니라 네가 힘을 너무 많이 줬기 때문에, 친해지고 싶은 네 감정이 친구에게 전달되지 않아 서러운 거란다. 서러워서 슬픈 건 당연한 거야. 다음에는 좀 더 약하게 해봐."

'억울하다'와 '서럽다'의 차이를 아이에게 구분해줘야 하는 이유는 무엇일까? 자신의 감정을 정확하게 파악해야 이후에 어떻게 행동해야 할지 알 수 있기 때문이다. 만약에 아이가 '억울하다'라는 감정으로 자신의 상황을 파악했다면 자신을 선생님께 이른 친구는 누명을 씌운 나쁜 아이가 된다. 즉, 그 친구에게 적의를 품을 수도 있다. 왜냐면 자신은 아무 짓도 안 했는데 그 친구가 자신에게 누명을 씌운 것이기 때문이다. 하지만 서러움으로 자신의 감정을 파악했다면 자기 자신을 바라볼 기회가 생긴다. 억울함과 다르게 원인을 자신에게서 볼 수 있기 때문이다.

자신의 행동이 비록 좋은 동기에서 시작했어도 상대방은 나쁘게 받아들일 수도 있다, 오해받아 느낀 슬픔의 감정임을 파악하면 상대방에게 섭섭할 수는 있어도 나쁜 사람은 아니라는 것을 알게 되는 것이다.

정말로 걱정되는 건 아이들이 아닌 우리 어른들

전 세계에서 우리나라에만 있는 풍토병, 화병!

어린 시절 혼자서 담을 넘거나 비밀통로를 발견했을 때의 두근거림을 기억하는가? 친구와 함께 비밀기지를 만들고 놀던 기쁨은?

어릴 적 우리는 수많은 감정을 경험하며 살아왔다. 감정이 하나의 색이라면 하얀 캔버스에 수많은 색을 칠하며 어린 시절을 채워왔다.

그런데 학교에 들어가면 색깔은 거의 사라지고 그 자리를 숫자가 대신하기 시작한다. 반, 번호, 시험 성적, 전교 석차……. 재잘대던 아이는 수업시간에 입을 다물어야 하고, 점차 질문보다는 칠판 내용을 필기하는 데 익숙해진다. 어느 순간부터 약속이나 한 듯 말이 없어지고 표정도 굳어간다. 사회에 나가서도 마찬가지다. 거래처, 고객, 상사 앞에서 자신의 감정을 드러내는 순간, '사회성이 부족하다'는 꼬리표가 붙어버린다.

그렇게 최대한 자신의 감정을 숨기는 법을 터득해가는 것이다.

하지만 그렇게 억눌리고 억눌린 감정은 어떻게든 풀어줘야 하기 마련이다. 그 방법도 각양각색이라 술과 담배, 게임에 미친 듯이 몰두하기도 하고, 끝끝내 터지면 애꿎은 누군가에게 화풀이하기도 한다. 툭하면 터지곤 하는 '묻지마 살인', '갑질논란'은 그 극단적인 사례다.

특히 우리나라는 아직 유교의 영향으로 조용하고 점잖은 행동을 강요하고, 개인보다는 공동체를 우선시하는 문화가 만연해 있다. 결국, 이렇게 자신의 감정과 스트레스를 꾹꾹 눌러 담기만 하다 정신적인 병이 되는데 이를 화병(火病)이라 한다.

이 병이 얼마나 유명하면 미국정신의학협회에서 출판한 정신질환 진단 및 통계 편람 권위 서적인 DSM(Diagnostic and Statistical Manual of Mental Disorders)에서는 아예 병명을 한국식 표기인 Hwa-Byung(화병)으로 등재했을 정도다. 화병은 우울증의 한 형태이기도 한데, 대한민국은 십수 년째 OECD 국가 중

우울증으로 인한 자살률 1위를 지키고 있다. 놀라운 것은 정작 우울증 치료율은 꼴찌라는 것이다. 우울증이라고 하면 나약하다며 손가락질하기 바쁜 잘못된 풍토, 숨기기에 급급한 우리 문화의 영향이 크다. 그만큼 우리는 타인의 시선을 의식하며 감정을 꽁꽁 싸매고 살아간다.

하지만 언젠가는 분명 터지기 마련이다. 그리고 그곳은 감정이 가장 솔직해지는 곳, 가정이 될 가능성이 크다. 그 가정에서 우리 아이들은 어떤 감정을 배우게 될까.

자신의 감정을 아는 것이 삶의 주인이 되는 첫걸음이다

내 삶에 다가오는 것들을 당당하게 맞이하는 법

감정을 숨기다 보면 지금 내가 느끼는 것이 기쁨인지 슬픔인지 구별하지 못할 때가 많아진다. '부모님 말씀 따라 좋은 대학을 나오고 대기업에 입사했는데 행복한 기분이 들지 않는다, 매일매일 자신의 감정이 메말라가는 것 같다'고 호소하는 사람이 점점 많아지고 있다. 누가 봐도 남부러울 것 없는 인생이라도 어느 순간부터 일상에서 아무것도 느낄 수 없다면 사막과도 같다.

누군가 나를 위로해줘도 빈말이나 비아냥 같아 미묘하게 기분이 나쁘다. 하지만 잘 모르기 때문에 그저 넘어갈 수밖에 없다. 누군가 나에게 잘해줄 때도 부담스럽지만, 정확히 무어라 말할 수 없기에 도움을 받긴 하면서도 안절부절못한다. 하지만 자신의 감정을 정확히 안 순간 나에게 다가오는 수많은 관계를 정리할 수 있게 된다. 예를 들어 나에게 주는 것이 연민이나 동정에서 시작된 감정이라면 확실히 거절하는 것이 옳다. 내 마음의 그것이 수치심이라는 것을 알았을 때 비로소 나는 거절할 힘이 생기는 것이다.

마땅히 받아야 할 것과 거절해야 할 것은 구분할 줄 아는 것이 바로 내 삶의 주인이 되는 첫걸음이다. 그러기 위해서는 먼저 자신의 감정을 명확하게 파악할 수 있어야 한다.

아이와 어른 모두에게 감정 수업이 필요하다

좋은 감정보다 감정을 구분할 수 있는 법을 알려주자

감정 수업은 모든 아이, 그리고 우리에게 필요하다. 자신이 느끼는 감정을 정확히 알아야 무엇이 기쁘고 슬픈지 구분할 수 있다. 그런 후에야 비로소 주도적으로 자신의 삶을 선택할 수 있게 된다. 내 삶을 기쁜 방향으로 선택해 나아갈 수 있다. '물고기를 주기보다 물고기를 잡는 법을 알려주라'는 말이 있듯이 자식에게 기쁜 감정만 주기보다 다양한 감정을 구분하는 방법을 알려줄 때 아이들은 훌륭한 성인이 돼 세상이라는 거친 바다를 나아갈 수 있게 된다.

이 과정을 거치지 못하고 성인이 된 사람은 삶이 갈피를 잡지 못하고 이리저리 방황하게 된다. 감정을 억누르고 수동적으로 받아들이는 자세에서 벗어나지 못해, 결국 어느 순간 폭발하게 돼버린다. 만약 이 감정의 폭발이 아이가 있는 가정에서 벌어진다면 어떻게 될까? 아이에게까지 대물림되는 악순환의 반복이다.

본인조차 감정을 정확히 알지 못하기 때문에 자녀에게도 올바른 방향을 제시해줄 수 없기 때문이다. 또한, 이미 폭발한 부정적인 감정은 우리 아이에게도 고스란히 전달된다. 아이에게도 우리에게도 감정 수업이 절실한 이유다.

PART 1

아들 육아, 왜 이렇게 힘들까?

PART. 2

두려움에 휩싸인 아들 이해하기

매번 남과 비교하는 아들
"제 것만 못한 것 같아요"

미술이라는 과목 하나만 가르쳐도 아이들에게 실패와 절망을 엿볼 수 있다. 하얀 도화지 앞에 선 아이 대부분은 '이번엔 또 억지로 무슨 그림을 그려야 하나'라는 절망스러운 표정을 짓는다. 어떤 아이는 '이번 수업은 그림만 그리는 시간이 아니었으면 좋겠다'는 일말의 기대감을 갖다가 흰 도화지를 보여주면 '그럼 그렇지'라는 표정으로 한숨을 쉰다. 신기한 건 아이가 두려워하는 모습이 곧 우리의 모습이라는 점이다.

수업시간 아이의 모습은 우리가 이미 삶에서 수없이 겪어왔던 두려움들과 오버랩된다. 서로 비교하고 평가받기를 두려워하고, 결국 회피하는 모습은 사실 어른의 모습과 별반 다르지 않다. 그렇다면 아이가 두려움을 극복하는 과정을 알게 되면, 우리도 삶의 과제를 해결하는 힌트를 얻을 수 있지 않을까? 그림 그리기를 싫어하는 아이와 대화해보면 대부분 '비교' 때문이었다.

"저 그림 못 그려요."

"누가 너보고 못 그린다고 한 적 있니?"

"아니요. 근데 친구들 거랑 봤을 때 정말 제 건 못 그린 것 같아요."

"정확히 뭐가 못 그린 것 같니?"

"잘 모르겠어요. 그냥 못 그린 것 같아요."

"그 애들도 너처럼 탱크하고 비행기를 그렸니?"

"아니요. 학교에서 그리라고 한 자연물 그리기는 친구들이 훨씬 잘 그려요."

"그럼 네가 그린 탱크나 비행기는 그 애들도 잘 그릴까?"

"모르겠어요…."

다른 아이와의 비교를 통해 자신이 얼마나 '못' 그리는지를 알고 있기 때문이다. 비행기의 엔진과 항공사까지 꼼꼼하게 표기하며 그리는 하는 아이라도 학교에서 '숲속 풍경' 그리기를 하면 표현이 서툰 아이로 평가받는다. 하지만 이 아이는 탱크나 비행기를 그 누구보다 사실적으로 잘 그리는 아이다. 문제는 대부분 아이가 자신이 정확히 무엇을 못하고 잘하는지 구분하지 못한다는 점이다. 그저 어른의 평가대로 '아 나는 표현력이 서툴구나. 쟤보다 색깔도 꼼꼼하게 못 칠했네. 난 그림을 정말 못하나 보다'라고 지레 짐작해버린다. 어른은 아이를 '비교의 늪'에서 벗어날 수 있도록 도와주는 역할을 해야 한다.

비교— 가장 효과적으로, 빠르게 불행해질 수 있는 특효약!

그리기가 싫은 게 아니라 옆 친구보다 못 그리는 게 싫은 아이

비교를 통해 아이들은 확실히, 착실하게 자신감을 잃어간다. 특히 그리기처럼 눈에 보이는 결과물이 있을 때는 그 차이를 확연하게 인지하며 그리기와 멀어진다. 같은 반 친구는 가족을 그릴 때 졸라맨이 아닌 옷을 입고 있는 정상적인 사람을 그린다. 옆 짝꿍은 색칠할 때 도화지의 흰 부분이 안 남도록 꼼꼼하게 칠한다. 하지만 손이 아파 꼼꼼하게 칠하는 건 너무 힘들다. 왜 그리기 싫은 주제를 그리라고 하는 것일까. 결국 서서히 그리기 자체가 싫어진다. 즐거움이 사라지고 남과의 비교만 남았을 때 그리기는 고통이 된다. 어느 순간 남들에게 "그리기는 재미없어"라든가 "난 그리기 싫어해"라고 말한다. "남들이 그린 걸 봤을 때 내 건 삐뚤삐뚤한 거 같아"라는 말과 "난 그리기 싫어"라는 말 사이에는 많은 차이가 있다. 전자는 자신이 무엇이 다른 건지를 객관적으로 알고 있는 상태고 후자는 무엇이 다른지 모른 채 불쾌한 감정만이 남아있는 상태다. 이 불쾌한 감정은 아이의 인생에 훌륭한 표현 도구 하나를 빼앗게 된다.

비교는 그저 차이점을 아는 과정이다. 상대방에게 없는 것이 나에게 있을 수 있다는 말이다. 절대 자신에게 부족한 것을 찾는 과정이 아니다. 아이들에게 주도적으로 남과의 비교를 통해 다른 점을 확인할 수 있도록 훈련시킬 수만 있다면 자존감에 상처를 받는 일도 줄어들 것이다.

비교는 왜 하는 것일까?
비교는 자신의 강점을 찾기 위한 과정이다

누구보다 잘 그린다. 누구보다 색감이 풍부하다. 이런 말을 들으면 기분이 좋다. 하지만 반대로 "누구보다 못 그린다", "예쁘게 칠하지 못한다"는 말을 들으면 가치가 낮은 사람이 된 것 같다. 그로 인해 불쾌하고 참담한 감정이 남게 된다면 애초에 비교 자체를 안 하는 게 낫다. 우리 시대 공공의 적, 엄친아를 예로 들어보자. 대기업에 들어가고 멋진 배우자를 만난 엄친아와 취직 준비 중인 나를 비교하는 부모님의 의도는 무엇일까?

듣는 자식이 비참함을 느끼게 하려는 의도는 없을 것이다. 본인의 답답함과 부러움이 투사됐을 수도 있고, 자식도 자극을 받아 좀 더 노력하는 삶을 살길 원하는 것일지도 모른다. 아이가 그림을 다른 사람과 비교하는 이유도 비슷하다. 적어도 처음에는 말이다. 그림을 잘 그리는 옆 친구에 대한 부러움, 자신의 실력에 대한 답답함을 먼저 느낀다. 노력도 해보지만 아무리 해도 친구의 그림을 따라갈 수가 없다면 두 가지 선택지밖에 남지 않는다. 친구에게 그려달라고 하거나 아예 그리기 자체에 관심을 끊어버리는 것이다. 두 가지 선택지의 공통점은 패배감이다.

비교의 본질은 더욱더 자극받아 실력을 향상시키는 데 있다. 본인의 부족한 점과 장점을 파악해 객관적인 자신의 위치를 발견해야 한다.

그러나 안타깝게도 우리는 본질을 자주 망각해버린다. 그래서 비교할수록 자존감만 점점 낮아지는 것이다.

비교의 덫에서 벗어나는 방법
내가 하지 못하는 객관적인 사실을 알아야 한다

"무기만 그리지 말고 군인들도 그려볼까?"

"싫어요."

"왜?"

"친구들은 칠하는 거 좋아하는데 저는 귀찮아요. 특히 군복의

디지털 무늬를 그리는 게 너무 어려워요. 대신 전 무기를 잘 그려요."

항상 무기만 그리는 아이는 자신의 강점과 약점을 정확히 알고 있었다. 탱크나 화염방사기, 전투기를 그릴 때 날개에 우리나라 국기와 미사일의 종류까지 따져가며 세세하게 그리는 모습이 놀라웠다. 하지만 병사는 일절 그리지 않는다. 군복의 디지털 무늬를 그리는 것이 어렵기 때문이다. 이 아이는 자신이 못 그리는 것이 무엇 때문인지 원인을 알고 있었다. 대신에 무기를 잘 그린다는 객관적인 사실을 인지하고 있었다. 아이는 그리기 자체를 싫어하지는 않았다.

"그럼 선생님이 디지털 무늬 쉽게 그리게 해줄까?"

"어떻게요?"

먼저 아이가 그린 칠하지 않은 군인을 촬영했다. 패드에서 포토샵을 실행시켜 디지털 무늬 패턴을 입력한 후에 브러시에 저장했다. 그러자 브러시는 디지털 무늬를 칠해주는 도구로 변신했다. 아이는 '패턴 브러시'를 통해 자신의 군인에 디지털 무늬를 입혔다. 사실 이 방법은 예전부터 만화가들이 쓰는 방법이다. '스크린톤'이라는 방법으로 그리기 복잡하거나 칠하기 어려운 패턴을 스티커 형식으로 종이에 붙여 쓰는 것이다. 그림을 잘 그리는 만화가도 칠하기 귀찮을 때가 있다고 알려주자 아이의 안도하는 표정을 볼 수 있었다. 만약 아이가 객관적으로 그릴 때 무엇이 불편한지를 몰랐다면 새로운 방법도 시도할 수 없었을 것이다.

불쾌한 감정만으로 그리기는 단지 귀찮다고 인지했다면 어떤 시도도 할 수 없었을 것이다.

비교를 거부하는 어른들

우리는 누군가에게 자랑하기 위해 사는 것이 아니다

"누군가가 나의 사진을 보고 부러워하는 것도 싫고, 나도 누군가의 사진과 내 삶을 비교하고 싶지 않아."

한 지인의 SNS를 하지 않는 이유다. 어느 순간부터 SNS는 '난 이렇게 지내고 있다'에서 '난 이렇게 잘 살고 있다'로 바뀌어 버렸다. 날씨가 좋다고 올라온 사진에는 고가의 손목시계, 커피 한잔이라는 사진에는 커피잔 옆에 외제차 열쇠가 나란히 찍혀 있다. 이렇듯 누군가 올린 사진 한 장이 힐링보다는 나를 킬링하기도 한다.

영국의 'Wren Kitchens'라는 회사에서는 재미있는 풍자 사진을 공개했다. 집안은 난장판인데 단 한 곳만 깔끔하게 장식돼있다. 바로 SNS에 사진을 올리기 위한 공간이다. 현실이 엉망진창이라도 SNS에서는 최대한 행복한 척하는 세태를 풍자한 것이다.

이처럼 우리는 다른 사람의 시선을 의식하고 비교하는 데 삶의 많은 에너지를 쏟고 있다. 아이나 어른이나 비교의 늪에서 벗어날 수는 없다. 자기도 모르게 상대방에게서 나에게 없는 것을 귀신같이 찾아낸다. 나에게 없는 것은 곧 부러움과 질투의 대상이 되고, 나를 비참하게 만든다.

어른조차도 객관적으로 비교하는 데 서툴다. 이럴 때일수록 나에게 있는 것을 찾아야 한다. 부족한 것이 아니라 다른 점을 찾아보자. 그리고 정확히 무엇을 내가 원하는지 고민해보자. 군인을 그리지 않는 아이는 디지털 무늬가 그리기 귀찮다는 것을 알고 패턴 브러시를 통해 군인을 그릴 수 있었다. 정확한 원인을 알면 구체적인 해결방법이 보이기 시작한다. 비교라는 도구는 이렇게 사용해야 한다.

무기력한 아이,
학원을 다 끊어야 할까?

"선생님, 여기는 커리큘럼이 어떻게 돼요?"

처음 학원에 들어온 아이의 입에서 나온 첫마디다. 8살짜리 아이에게 여기는 커리큘럼이 없고, 네가 직접 주제를 정하고 만들어가는 곳이라는 설명을 하며 기분이 묘했다.

보통 아이라면 수다스럽게 자신이 하고 싶은 것을 늘어놓기 바쁘지만 이 아이는 선생님이 무엇을 시킬지 조용히 기다렸다. 무기력하고 수동적인 모습이었다.

이후에도 아이와 수업을 진행하며 보이는 수동적인 태도에 무척 놀라곤 했다. 아무리 "네가 좋아하는 것을 마음껏 그려보거라"

고 말해도 아이는 "선생님, 아무것도 못 그리겠어요. 주제를 정해주세요", "이제 뭘 어떻게 해야 할까요?"라고 답하는 식이었다.

학부모 상담 시간에야 비로소 원인을 알 수 있었다. 어머니께서 "예전에는 아이가 학원을 6~7개씩 다녔어요. 하지만 이제는 다 끊었어요. 어느 순간 아이가 혼자서는 아무것도 못 하겠다고 말하더라고요. 이제 어떻게 하면 좋을까요?" 하고 말씀해주셨기 때문이다.

상담 이후 필자는 학원을 많이 다니는 아이와 그렇지 않은 아이를 관찰해보기 시작했다. 선생님의 권유에 어떻게 반응하는지, 원하는 것은 잘 표현하는지 등을 조심스럽게 살폈다.

배움을 레고 블록으로 인식하는 아이들
돈 주고 학원 다니는 것 = 내가 더 똑똑해지는 것?

관찰 결과 학원을 많이 다니는 아이(5개 이상)와 적게 다니는 아이(1~2개)는 배움의 방식에서 차이가 났다. 학원을 많이 다니는 아이의 경우 수업을 하나의 '레고 블록'처럼 인지한다. 즉, 수업을 들을 때마다 자신에게 블록 하나가 추가되는 것이다. 학원에 다니는 것은 블록을 모으는 행위에 불과하다는 인상을 주기도 했다. 예를 들어 수업을 시작하면 "오늘 뭐할 거예요?", "저 이거 어떻게 만드는지 모르겠는데 혹시 설명서 있나요?"같이 커리큘럼을 요구한다. 반면에 학원에 아예 다니지 않거나 적게 다니는 아이는 매 시간 자신만의 수업을 '만들어가는' 것을 느낄 수 있다. 커리큘럼과 상관없이 자신이 주제를 정해오고 재료 또한 있는 그대로 쓰는 것이 아니라 칼로 마구 자르고 톱질을 해서 자신만의 것으로 변형시킨다.

레고 블록은 단단하고 여러 개가 모이면 다양한 것을 만들 수 있지만, 블록 자체로는 아무것도 만들 수도 없고 자르지도 못한다. 배움도 마찬가지다. 지금 있는 것만으로는 부족하니까 아이도 엄마도 계속해서 '블록을 추가하려고' 하는 것이다. 그 결과 '학원을 안 다니면 아무것도 하지 못한다, 다른 아이들에게 뒤쳐진다'는 생각이 자연스럽게 머릿속에 자리 잡는다.

정답만을 찾도록 자라는 아이들
이미 정해진 답이 있다면 배우는 즐거움은 사라진다.

"자발적 활동을 억압해 진정한 개성이 발전하지 못하도록
침해하는 행위는 아주 일찍부터 시작된다.
어린아이에 대한 첫 교육적 조치부터가 이미 그런 행위다."
–에리히 프롬–

수업하며 정답을 요구하는 아이들을 많이 본다. 수학이나 영어라면 이해하겠지만, 미술에서도 이렇게 그리는 것이 정답인지, 어떻게 해야 올바르게 만드는 것인지 물어본다. 미술 작품에 '정답'이 있을 것이라고 확신하는 아이들은 어딘가 지쳐 보인다. 자유롭게 만드는 것에 집중하는 것이 아니라 얼마나 정답에 접근하느냐가 중요하기 때문이다. 대체 정답이라는 것은 언제부터 아이들과 함께하게 된 것일까? 학교나 학원에 들어가면서 시험이라는 존재를 알게 된 후부터가 아닐까.

나 또한 수많은 학원과 시험 속에서 자라왔다. 조기교육으로 영어 학원에 다니며 간단한 쪽지시험부터 중간 · 기말 시험을, 부모님께는 받아쓰기 시험을 봐야 했다. 빨간 색연필로 매겨지는 나의 점수가 곧 그날 집안 분위기를 결정했다. 받아쓰기에서 백 점을 맞으면 냉장고 자석에 내 시험지가 붙어있었고 반대로 많이 틀리면 회초리로 맞기도 했다. 이런 과정에서 자연스럽게 모든 것에는 '누군가 정해놓은' 정답이 있다고 생각하게 됐다. 영화를 볼 때 결말을 알고 본다면 어떤 재미가 있을까? 학교생활도 이미 정답이 있고 그것을 맞추기 위해 학원에 다니고 밤늦게까지 공부해야 한다면 점차 배움의 즐거움과 멀어진다. 이에 분개한 미국의 교육학자 존 홀트(John Holt)는 "시험은 사기다"라고까지 말했다.

시험은 사기다
예상 문제를 외우는 것이 시험일까?

"시험은 사기다. 아이들이 얼마나 배웠는지 알기 위해 시험을 친다면 어째서 미리 시험 범위를 알려주는가? 어째서 시험에 출제된 유형이라고 미리 학생들을 연습시키는가? 이유는 간단하다. 그렇게 하지 않으면 대부분은 낙제를 면치 못하기 때문이다. 학교라는 곳은 선생님과 학생이 그 사기를 어떻게 치느냐를 배우는 곳이 돼버렸다."

실제로 수능을 준비할 때는 내가 얼마나 많이 알고 있느냐보다 얼마나 최근 출제 트렌드를 알고 있느냐가 더 중요하다. 수많은 학습지와 학원들은 올해 나올 출제 경향에 대해 많은 시간을 할애한다. 어떤 학습지는 고대 예언자의 이름을 따서 짓기도 하고 소위 족집게 과외가 유행하기도 했다. 훌륭한 선생님의 기준은 얼마나 잘 가르치냐가 아니라 예상 문제를 얼마나 잘 집어주느냐로 변했다. 대학에서도 스스로 공부하는 것이 아니라 장학생 친구가 필기한 노트를 복사하거나 해당 과목 시험들을 모아놓은 '덤프'를 구하는 것이 우수한 성적의 비결이 된다. 그리고 사회에 나와서는 대기업에 입사하기 위한 예상 문제집이 이달의 서적에 선정되기도 한다. 이런 환경에서 우리가 정답이 아닌 삶을 기대할 수 있을까?

무기력을 극복하려면 아이에게는 시간이, 부모에게는 용기가 필요하다

삶에는 진도가 없다

다행히 처음에는 '정답'을 요구하던 아이도 시간이 지나면서 이곳을 '자신이 마음대로 해도 되는 공간'으로 인식하게 된다. 이때 가장 중요한 것은 부모의 용기다. 부모님도 사실 우리 사회의 문제가 무엇인지 알고 있다. 자신은 선한 의도로 아이에게 많은 학원을 권했지만, 어느 순간 배움에 무기력해진 아이를 보고 놀란 나머지 모든 학원을 끊어버린다. 하지만 갑작스럽게 자유를 맛본 아이들은 아무것도 하지 못한다. 텅 빈 시간을 스스로 채우는 법을 배운 적이 없기 때문이다. 아니 정확히는 스스로 채우도록 허락받은 적이 없다.

아이의 공간은 항상 부모가 짜준 스케쥴과 선생님의 정답으로 채워졌을 뿐이다. 하지만 아이는 원래 자유롭게 자라도록 설계된 지라 한번 자유를 만끽하면 서서히 자신만의 것을 찾기 시작한다. 문제는 부모다. 아이의 자유를 원하는 부모님께 항상 묻는 말이 있다.

아이가 처음에 아무것도 만들지 않아도 괜찮나요?
아이의 작품을 그대로 인정할 수 있나요?
칭찬도 혼도 내지 않고 그저 관심을 가질 수 있나요?

어른들 또한 정답에 익숙한 삶을 살아왔다. 대학에 들어가고 취업을 하고 돈을 모아 결혼하고 아이를 낳는 '진도에 맞는 삶'을 사는 데 익숙하다. 그래서 아이에게도 자연스럽게 '진도'를 요구한다. 무엇보다 부모도 어떤 것이 자발적으로 사는 삶인지 잘 모른다. 그렇기에 아이와 함께 훈련이 필요하다. 앞서 말한 배움의 주도권을 아이에게 주고 부모는 삶의 주도권이 누구에게 있는지 생각해봐야 한다. 이 훈련을 위해서는 아이에게는 충분한 시간, 부모는 자신의 삶을 돌아볼 수 있는 용기가 필요하다.

이미 외국에서는 '갭이어(Gap Year)'라는 프로그램을 통해 어른도 1~2년간 기존에 해오던 자신의 직업이나 학업을 멈추고 새로운 도전을 하고 있다. 우리나라에서도 직장을 관두고 해외봉사단에 참여하는 사람, 대기업에 들어갔다가 자신이 원하는 일을 찾기 위해 스쿠버다이버가 된 사람, 어렵게 들어간 명문대를 휴학하고 봉사활동을 하는 사람 등 자신을 찾기 위해 노력하는 다양한 사례가 나오고 있다. 성인도 끊임없이 자신을 찾아 나서야 한다.

아이들의 자발성을 보며 깨달은 것은 시험에는 정답이 있을 수는 있어도 우리 삶에는 정답이나 대리자가 없다는 것이다. 만약 삶의 모습에 정답이 있다고 여기게 되면 우리는 권태와 무기력감을 느낀다. 배움에 대한 욕구를 학원이나 기관을 통해서만 만족하려 하면 어느 순간 자기도 모르게 커리큘럼이나 정답만을 요구하게 될 수도 있다. 이 점을 명심하고 아이의 목소리와 내면의 목소리에 귀를 기울여보자.

남자아이는 비밀기지가 필요하다

《화성에서 온 남자, 금성에서 온 여자》의 저자 존 그레이는 문제가 생겼을 때 여자는 생각을 입 밖으로 크게 말함으로써 상대방에게 사고의 흐름을 그대로 드러낸다고 주장한다. 여자가 끊임없이 이야기하면서 해결방법을 찾아내는 데 비해 남자는 일단 혼자서 조용히 생각해본다. 이때에는 몇 분이 걸릴 수도 있고 몇 시간, 며칠이 필요하기도 하다. 우리에게 잘 알려진 '동굴로 들어가는 현상'인데 여자의 경우 이런 상황이 답답하고 당황스러울 수 있다.

엄마와 아들의 경우라도 별반 다르지 않다. 특히 교실에서 에너지 높은 남자아이와 수업을 하다 보면 크고 작은 일이 일어난다. 아이는 항상 자기 생각대로 되길 원하지만, 모든 일이 잘되는 것은 아니다. 자기가 생각하는 것만큼 작품이 만들어지지 않을 때 아예 부숴버리고 교실을 뛰쳐나가거나 한동안 책상 아래 들어가 나오지 않는다. 이럴 땐 잠시 아이를 가만히 둔다. 어머니는 어떻게든 아이를 불러 설득하려 한다. 하지만 다음 수업시간에 지장을 주지만 않는다면 최대한 아이를 잠시 내버려두라고 말씀드린다. 성인에게 동굴이 있다면 아이들에게는 비밀기지가 있기 때문이다.

어려운 상황이 닥쳤을 때 비밀기지는 방공호가 된다
남자는 자신을 변호하는 것에 서툴다

한번은 어머니와 수업에 관한 이야기를 하는 도중이었다. 한 아이가 친구와 장난을 치고 있었다. 잠시 후 울음소리가 들려서 고개를 돌려보니 아이는 글루건을 들고 멍하니 있고 친구는 손가락에 글루건이 묻은 채로 울고 있었다. 누가 봐도 아이가 분을 참지 못해 뜨거운 글루건을 친구 손가락에 묻힌 것 같았다. 이윽고 몰려오는 어른들, 울고 있는 친구를 본 아이는 당황하다 못해 패닉에 빠진 표정이었다. 친구는 이미 어머니가 달래고 있었다. 다행히 큰 상처는 아니었지만 아이는 멍하니 교실에 남아있었다. 당황한 아이의 아버지는 일단 아들을 불러 집으로 가려고 했다. 하지만 아이는 움직이지 않았다. 나는 아버지께 일단 아이를 교실에 두는 것이 좋겠다고 말씀드렸다. 마침 점심시간이어서 아이를 잠시 교실에 남겨둘 수 있었다. 이후 시간이 조금 지나자 아이는 책상 아래로 들어가 구슬을 손에 쥐고 엎드려 있었다.

"너 괜찮니?"

"……."

"이제 정신이 좀 드니?"

"…네."

"아까 친구에게 글루건으로 어떻게 한 거니?"

"친구가 자꾸 장난치기에 계속 그러면 글루건으로 쏜다고 했어요. 근데 정말로 쏘지 않았어요. 친구가 가까이 오는 바람에 옷에 글루건이 묻은 거예요."

"그럼 그 친구는 글루건이 왜 손에 묻은 거야?"

"친구가 옷에 묻은 글루건을 닦는다고 하다가 그런 거예요."

그제야 진실을 들을 수 있었다.

아이는 절대 글루건을 친구의 손가락에 묻히지 않았다. 그저 옷에 닿은 것뿐이다. 그런데 놀란 친구가 손으로 글루건을 만지려다가 결국 손가락에 뜨거운 글루건 액이 묻은 것이었다. 물론 글루건으로 친구를 위협한 것은 명백한 잘못이다. 다만 서로 장난치는 도중에 친구가 먼저 아이에게 다가왔다가 실수로 옷에 묻은 것으로 밝혀졌다. 상대편 아이에게도 똑같은 사실을 확인하고 나서야 처벌의 수준이 조금은 내려갈 수 있었다. 이때 아이를 바로 추궁하고 화를 냈다면 더 큰 오해를 샀을지도 모른다. 특히 남자아이는 말로 자신을 변호하는 일이 서툴기에 아이에게 생각을 정리할 비밀기지를 마련해줄 필요가 있다. 상대방 친구도 어머니가 조용한 곳에 데리고 가서 상황을 물어본 것도 적절한 처사였다. 만약에 이런 비밀기지가 없었다면 아이는 원치 않는 오해와 억울함으로 인한 상처를 입었을 것이다. 후에 두 아이는 서로 사과했다. 이렇게 비밀기지는 복잡한 마음을 정리하는 공간이다.

비밀기지는 상상력을 자극하는 공간이다

어둠 속에는 아들을 이끄는 묘한 매력이 있다

어릴 적에 어머니께서는 사업을 하면서 매일 바쁜 시간을 보냈다. 지금도 기억나는 것 중 하나는 어머니께서 전화를 받고 급히 은행에 가거나 큰 목소리로 통화를 하는 모습이다. 형, 누나가 학교에 가면 어머니는 나 혼자 두고 가기가 미안했는지 항상 밀가루 반죽을 만들어놓고 나가셨다. 레고가 지겨우면 밀가루 반죽으로 괴물이나 인형을 만들기도 했다. 잠깐잠깐 혼자 두고 갔던 것이 지금도 어머니께서는 미안했다고 말씀하신다. 하지만 외롭거나 무서웠던 느낌보다도 오히려 신났던 기억이 더 많았다. 이때만큼은 온 집안이 내 비밀기지가 되는 순간이었기 때문이다. 집에 아무도 없을 때면 레고로 만든 우주선을 가지고 다양한 장소를 탐험했다. 침대 밑, 책상 아래, 장롱 속 등 주로 어둡고 좁은 장소가 대상이었다. 그 안은 외계인들의 비밀기지나 새로운 우주 개척지가 되곤 했다. 이제는 몸이 커버려 책상 아래에 들어가는 일은 볼펜 주울 때뿐이지만 아이들은 틈만 나면 책상 아래로 숨는다. 선생님 다리만 보이는 시각이 새로운 자극을 주는 것 같다. 그래서 아예 책상 아래를 아이들을 위한 공간으로 바꿔버렸다.

책상 아래에서 영화 볼래?

어둠 속에서 아이는 온갖 상상의 그림을 그린다

책상 아래는 아이들의 영원한 비밀기지이자 스릴감을 느끼게 해주는 장소다. 일단 숨기에 적당하고 어른은 들어오기 힘든 공간이기 때문이다. 무엇보다 빛이 적절하게 차단된다. 형광등 빛이 적당히 차단돼 어두움과 은밀함이 뒤섞여있는 공간 아래에서 온갖 괴물들을 상상할 수 있다. 심지어 위험하다 느끼면 바로 나올 수 있기에 안전함을 느낀다(부가적으로 부모님의 체벌을 피할 수 있는 효과적인 요새이기도 하다). 이런 공간을 이용해 아이들을 위한 영화관을 만들었다. 벽에는 흰 도화지를 붙여 극장 스크린 분위기를 내고 반대쪽에는 작은 방석을 깐다. 이후에 교실의 불을 끄고 함께 필름지에 그린 캐릭터를 핸드폰 라이트로 비춰보며 이야기를 진행한다. 처음에 어둠을 무서워하던 아이도 선생님과 함께 이야기를 진행하다 보면 어느 순간 괴물과 싸우고 있다. 이야기가 끝나고 '극장을 나가려고' 해도 아이들은 계속 영화를 보고 싶어 한다. 이후에는 수업하다가도 책상 아래에 들어가 영화를 보고 싶어 한다. 단순한 책상 아래 공간이 상상력을 자극하는 영화관으로 변신한 것이다. 이런 시도는 다양한 장소에 적용해볼 수 있다.

▲ 어릴 적 책상 아래에 숨거나 나만의 인형극을 했던 기억이 있을 것이다. 특히 남자아이들에게 책상 아래는 상상 속 비밀기지이자 훌륭한 극장이다.

퀴퀴한 먼지 냄새 가득한 아파트 지하실 계단. 하지만 이상하게 두근거리고 스릴이 넘친다. 혼자서는 절대 어둠이 지배하는 아래로 내려가지 못한다. 대신 계단 중간쯤에 앉아 아래에는 어떤 괴물이 있는지, 혹시나 다른 곳으로 갈 수 있는 비밀통로가 있는지 상상하기도 한다. 이때는 스케치북이 필요 없다. 어두운 공간이 바로 거대한 스케치북이 되고 내 눈에서 나가는 다양한 색의 상상 레이저가 크레용이 된다. 그렇게 검은 공간에 수많은 상상 속 친구들을 그린다.

요즘 아이들은 그런 공간이 많지 않다. 어두운 지하실은 24시간 환한 주차장으로 변해버렸고 스마트폰에는 누군가 대신 상상해서 만들어준 화려한 영상을 언제나 볼 수 있다. 피곤한 부모님은 아이에게 유행하는 BJ의 장난감 방송을 보여준다. 하지만 여전히 아이들은 책상 아래, 어두컴컴한 빈 교실, 창고 등 은밀히 숨을 수 있는 장소를 원한다. 그 장소에서 아이들은 생각을 정리한다. 상상력을 계속 키워나간다. 아이에게 필요한 것은 좋은 물감과 스케치북이 아닌 누구도 간섭할 수 없는 자기만의 공간이다 (실제로 비밀기지를 만들어보고 싶다면 289페이지를 참조하세요!).

무엇이든 귀찮아하는 아들

수채화는 학교 다닐 때 가장 쓰기 싫은 미술도구 중 하나였다. 전문가들은 수채화가 쉽게 채색할 수 있는 도구이자 물이 번지면서 우연의 효과를 기대할 수 있는 도구라고 한다. 하지만 현실은 고생하며 그린 작은 그림들이 뭉툭한 붓 때문에 바탕과 같은 색으로 칠해지는 것을 지켜만 봐야 한다. 색을 바꿀 때마다 붓을 헹궈야 하는 것도 귀찮고 붓에 있는 물의 농도에 따라 색이 변하는 것도 싫다. 포스터물감도 별반 다르지 않다. 물통을 자주 교체해야 하고 한번 실수하면 처음부터 다시 해야 한다.

어린 시절 나는 이런 결론을 내렸다.

"미술은 정말 귀찮구나."

'자기 것'이 아닐 때 귀찮아진다

귀찮음은 무기력과 연결돼있다

아이들이 물감으로 색칠하기 싫어할 때면 어린 시절의 나를 보게 된다. 특히 내 마음대로 칠해지지 않을 때 기껏 만든 작품이 엉망으로 되는 것 같아 마음이 아프다. 그래서인지 많은 아이가 매직이나 마커를 원한다. 물감보다 넓은 면적을 칠하기에 불편하고 냄새나지만 적어도 내 손이 지나간 자리만 칠해지기 때문이다. 내가 원하는 부분만 정확하게 칠할 수 있다는 것에 아이들은 안심한다. '내가 얼마나 통제할 수 있느냐'가 중요한 것이다. 내 통제를 벗어난 도구 때문에 작품을 망치면 다시는 사용하고 싶지 않다. 그래서 아이들은 물감보다는 매직을 선호한다.

남자아이 대부분은 주도성이 강하다. 자기만의 힘으로 일을 처리하고 싶어 하고 어른의 도움을 거부하고 필요 이상으로 참견하면 불쾌해한다. 한번은 아버지와 아들이 함께하는 특강에서 아버지께 조언을 반복해서 드린 적이 있었다. 아버지는 처음에는 "아, 그렇군요. 감사합니다"라고 말하며 고마움을 표현했다. 하지만 곁에서 보면서 다른 재료나 도구 사용법을 알려드리고 싶어서 다가갈 때마다 조금씩 귀찮아하는 모습을 보였다. 나중에는 "예

~"라는 한마디로 모든 것을 대신했다.

'선생님의 조언 정말 감사합니다. 하지만 지금은 제가 하고 싶은 방식대로 하고 싶군요. 더 이상 귀찮게 굴지 않았으면 합니다. 내버려두시죠'라는 명확한 메시지가 들렸다. 이후에는 내가 권한 재료나 도구를 사용하지 않고 자신만의 방식으로 아들과 만드는 모습을 볼 수 있었다. 대부분 아버지가 비슷한 모습을 보였다. 어느 순간 나의 말보다 자기 생각이 우선이었다. 결국 도움을 요청할 때까지 그대로 두는 것이 가장 좋다는 결론을 내렸다. 누군가에 의해 통제될 때 우리는 무기력감을 느낀다. 색깔이 내 뜻대로 칠해지지 않으면 처음에는 화가 나지만 나중에는 포기하게 된다. 귀찮음은 이런 무기력과 연결돼있다. 자신의 마음대로 되지 않을 때 우리는 귀찮음을 느끼게 되는 것이다.

귀찮음은 두려움의 또 다른 표현이다

귀찮음 = 변화에 대한 두려움

"은준아. 이번에는 여기에 새로운 무기를 만들어보는 게 어떨까?"

"에이 귀찮아요. 분명히 안 어울릴 거예요."

"왜 그렇게 생각해?"

"망칠까봐요."

"우리 애가 학교에 가기 싫다고 하더라고요. 학교도 학원도 가기 귀찮다고만 해요."

"동생이 자꾸 귀찮게 해요."

이렇게 '귀찮다'에는 다양한 의미가 내포돼있다. 모두 귀찮다는 말을 대신하지만 사실 새로운 것을 망칠 것 같은 두려움, 괴로움, 번거로움 등 다양한 감정이 있다. 수업할 때 아이들이 가장 귀찮아하는 것은 색칠이다. 쉽게 색칠하기 위해 페인트 붓을 사용하고 한 번에 진한 색을 낼 수 있는 아크릴 물감을 사용한다. 아이들이 색칠하기 귀찮아하는 이유는 무엇일까? 바로 새로운 시도에 대한 두려움이다. 기껏 잘 만들어놓은 작품을 물감으로 칠할 때 망치게 되면 되돌릴 수 없다. 색칠뿐만 아니라 선생님의 권유도 마찬가지다. 실패에 대한 두려움과 기존의 방식대로 하려는 관성은 계속 비슷한 작품만 만들게 한다.

학교나 학원에 가지 않고 계속 집에만 있고 싶어 하는 아이들도 있다. 그저 만사가 귀찮다고 말하지만, 자세히 관찰해보면 관계에 대한 두려움을 엿볼 수 있다. 수업 때 자세히 관찰해보면 끊임없이 자신의 존재를 친구들에게 '어필'하기 위해 노력한다. 말투를 강하게 하거나 행동을 거칠게 하는 것이다. 상담을 해보면 학교에서도 비슷한 이유로 친구들과 싸우거나 오해를 산다는 소리를 듣는다. 하지만 내가 관찰한 아이는 누구보다도 친구들과 놀고 싶어 하고 친해지고 싶어 하는 표정이 역력했다. 하지만 겉으로 보이는 방법이 거칠고 필요 이상으로 강해 보이기 때문에 주변 친구들이 피하고 있었다. 이 아이의 '귀찮다'는 표현은 번거로움이 아니라 관계에 대한 두려움일 가능성이 크다. 아이뿐 아니라 어른도 단지 귀찮다는 이유만으로 새로운 것을 거부하는 경우가 많다. 예를 들어 병원에 가지 않아서 병을 키우거나 트레이너의 충고에도 그대로 식습관을 유지하며 살을 빼기 원하는 경우다. 이런 경우 은연중에 병에 걸리면 어떻게 대처해야 할지에 대한 두려움을 느끼거나 진심으로 자신이 변화되길 원하지 않는 마음 등을 에둘러 '귀찮다'고 표현하는 것이다.

귀찮음을 내버려두면 삶은 무채색이 된다

작품뿐만 아니라 삶에도 채색이 필요하다

2000년대 초반, 한 웹툰에서 '귀차니즘'이라는 단어가 처음 등장했다. 움직이기 싫거나 아무것도 하기 싫은 때를 그려내 많은 사람의 공감을 받았다. 온종일 누워서 TV만 보기, 누구의 전화도 받지 않기, 채널 바꾸지 않고 계속 같은 방송 보기 등 사소하지만 누구나 한 번쯤은 생각해본 일이다. 사소한 일상의 탈피, 누구의 시선도 신경 쓰지 않고 나만의 삶을 살아가는 방식으로도 볼 수 있다. 하지만 이런 상황이 반복되면 어떻게 될까? 점차 사람을 만나는 것이 귀찮아지고 혼자만의 생각 속에 파묻히는 경우도 잦아진다. 누군가 요즘 왜 소식이 없냐고, 또는 왜 이렇게 지내냐고 물었을 때 이렇게 대답한다.

"요즘 만사가 다 귀찮아."

이런 상황의 중심에는 어떤 마음이 있을까? 매일 같은 야근, 주변 사람과의 피상적인 만남 등 반복되는 지루한 일상에서 삶의 에너지가 서서히 방전돼 가는 것이다. 심해지면 어느 순간 일상의 사소한 것들도 제대로 하기 벅찰 때가 있다. 이를 심리학 용어로 번아웃 증후군(Burnout Syndrome)이라 부른다. 말 그대로 소진되는 것이다. 작품도 색칠을 안 하면 무채색이 되듯이 귀찮음도 그대로 두면 삶이 무채색으로 돼버린다. 작품과 삶에 색을 칠하려면 어떻게 해야 할까? 《미라클 모닝》의 저자 할 엘로드는 아침에 일찍 일어나고 생산적인 일을 하면서 변화되는 삶을 소개하고 있다.

알람시계를 멀리 두거나 머리맡에 물 한 잔을 놔두는 등 사소해 보이지만 구체적인 방법으로 누구나 쉽게 시도할 수 있다. 여기에 영감을 받아 필자도 '귀찮은 귀신 퇴치하기!'란 프로젝트로 아이들과 함께 수업에 변화를 줬다.

TIP

특명! 귀찮음 귀신 퇴치하는 TIP!

1. 색을 미리 섞어두고 사용 후에는 그 자리에 두기

아이들은 물감을 짜고 붓을 물에 적시는 과정, 쓰고 나서 다시 씻는 과정을 번거로워한다. 과감하게 그날 쓸 색 3~4가지를 미리 만들어놓는다. 그리고 붓을 씻지 말고 사용한 붓은 같은 색 통에 다시 넣어두게 해서 다른 친구가 사용할 수 있도록 한다. 이 방법만으로도 색칠하기를 귀찮아하는 아이들을 물감 앞으로 오게 하는 데 성공했다.

2. 앞치마는 원터치 찍찍이

앞치마도 아이들이 귀찮아하는 요인이다. 스스로 맬 수 없기에 선생님이 매줄 때까지 기다려야 했다. 그래서 벨크로 테이프(일명 찍찍이)를 앞치마에 부착해서 누구나 쉽게 착용할 수 있게 했다. 덕분에 뒤돌아보면 아이들이 스스로 앞치마를 입고서 물감을 칠할 준비를 하고 있다.

3. 비상사태를 만들어 색칠할 수밖에 없는 상황 만들기

매직을 정교한 레이저 무기로, 물감은 폭탄으로 비유한다. 공룡 몸이나 탱크, 배의 거대한 몸통은 한 색으로만 칠하면 되기 때문에 물감 폭탄을 이용하자고 한다. 아이들은 "폭탄 투하 준비!"를 외치며 전투태세(앞치마 착용)를 마친다. 이렇게 하나의 긴박한 놀이로 만들자 작품을 완성하면 당연히 색칠해야 한다고 생각하는 아이가 늘어났다.

이렇게 수업 때 번거로운 요소들을 없애면서 아이들에게 조금씩 새로운 기회들을 접하게 했다. 그러자 많은 아이가 색칠하는 것에 거부감이 없어지고 더 다양한 색을 원하게 됐다. 색칠하기뿐 아니라 수업 때 새로운 도구나 만드는 방식에 대한 두려움, 거부감은 여전히 존재한다. 모두 귀찮다는 말로 피하려 하지만 그 안에 있는 의미를 정확히 들어야 한다. 가정에서도 아이들은 귀찮다며 많은 일을 피하려 한다. 우리도 귀찮다는 한마디로 모든 것을 설명하려 하지 않는가? 그저 귀찮다는 말로 설명하려다 보면 삶 자체가 무미건조해질 수도 있다. 그러니 지금부터 그 귀찮음 속에 어떤 마음이 있는지 살펴보도록 하자.

잘못된 습관은 못 고친다? NO!

어릴 적 학교에서 리코더를 배우는 시간이 있었다. 처음에는 기다란 막대에서 몇 개의 구멍을 막을 때마다 소리가 바뀌는 게 신기했다. 하지만 아무리 배워도 쉰 소리를 내는 것 이외에는 음을 낼 수 없었다. 처음에는 같이 연주를 못하던 친구들도 차차 음계를 조정하며 동요를 연주했지만 나는 아무리 해도 쉰 소리밖에 나오지 않았다. 결국 나만 못하게 됐다. 아무리 가르쳐준 대로 해도 좋은 소리가 나오지 않았다. 선생님께 혼나고 방과 후 운동장 구석에서 혼자 연습하는 수밖에 없었다. 다른 친구들은 '왜 쟤만 못하지?' 하는 눈빛으로 보고 있었고 나 또한 '나는 정말 재능이 없나 보다'라고 절망하고 있었다. 그러다 우연히 엄지손가락 쪽에 있는 구멍을 눌러봤다. 그제야 그토록 내고 싶었던 음이 나오기 시작했다. 그동안 '써밍홀(Thumb-hole)' 누르지 않고서 연주했던 것인데, 엄지의 위치가 애매하기 때문에 누구도 내 잘못된 자세에 대해 알아챌 수 없었던 것이다. 마치 냉동식품만 먹다가 처음으로 따뜻한 음식을 먹는 기분이었다. 그 이후에는 다른 친구들 못지않게 연주할 수 있었다.

세계적으로 유명한 물리치료사인 펠덴크라이스(Feldenkrais) 박사는 수많은 사람을 치료하면서 많은 사람이 근육을 잘못 사용하고 있다는 것을 알았다. 그동안 어떻게 근육을 잘못 움직였고 앞으로 어떻게 움직여야 할지 알려주는 것만으로 사람들은 짧은 시간 안에 증상을 완화시켰다. 평생 갈 것 같았던 습관을 인지시켜 주는 것만으로도 치료가 가능하다.

"뇌는, 생명체는 영리하다. 뇌는 올바르게 하고 싶어 한다.
믿을 수 있고 이해할 수 있는 방식으로
올바른 방법을 '보여주기'만 하면 곧바로 바꾼다."
-펠덴크라이스-

아이가 선생님 말을 안 듣는 이유
아들이 이해할 수 있는 방식으로 말하라

아이들이 자주 하는 실수 중 하나는 글루건을 사용하고 나서 상자에 넣지 않고 책상 위에 그대로 올려두는 것이다. 안전을 위해서는 손에 닿지 않는 상자에 넣어야 하지만 많은 아이가 쓰고 나서 그대로 책상 위에 올려둔다. 처음에는 계속해서 상자에 넣으라고 했지만 10번을 말해도 지키지 않는 아이가 꼭 있다. 나중에는 아이가 글루건을 책상 위에 놓기도 전에 내가 먼저 "상자"라고 말할 정도였다. 그러다 아이 입장에서 봤을 때 글루건을 굳이 상자에 넣어야 할 이유가 없다는 것을 알게 됐다. 어차피 책상도 물감이나 칼질로 인해 지저분한데 굳이 글루건을 그 위에 놓지 말아야 할 이유도 없었던 것이다. 아이 입장에서 고민하던 차, 예전에 어머니께서 나를 교육시켰던 방법이 생각났다.

내가 어릴 적 어머니께서는 종종 부엌에서 커다란 솥으로 요리하시곤 했는데 그때마다 나에게 부엌엔 얼씬도 못 하게 하셨다. 하지만 가스레인지의 파란 불꽃, 압력솥에서 나는 소리가 신기했던 나에게 부엌은 호기심 천국이었다. 기웃기웃하는 나를 보다 못한 어머니는 결국 어느 날 요리를 끝낸 솥을 바닥에 두고 나를 불렀다. 그리곤 내 손끝을 솥에 살짝 닿게 했다. 나는 손끝에서 전해지는 뜨거움에 화들짝 놀랐다. 지금도 선명히 생각나는 건 외관상 전혀 뜨거울 것 같지 않은 솥이 보기와 다르게 굉장히 뜨거웠다는 것이다. 이후에 몇 차례 호기심으로 솥 표면에 살짝 손을 대어가며 얼마나 뜨거운지 경험했다. 물론 이후에는 솥에 손을 대거나 근처에 가는 일은 없었다.

이 경험이 기억나자, 아이의 관점에서 설명해주면 좋겠다는 생각이 들었다.

"은준아. 글루건을 왜 상자에 넣어야 할까?"

"모르겠어요."

"잘 봐. 글루건을 책상 위에 놔볼게. (선생님이 장갑을 착용한 채로) 그리고 다른 동생이 책상 위에 모르고 손을 글루건에 갖다 대면 어떻게 될까?"

"(선생님의 손에 글루건이 달라붙은 것을 보고) 손에 글루건이 달라붙었어요."

"맞아. 만약에 그 아이가 맨손이라면 어떻게 될까?"

"엄청 아플 거예요."

선생님이 직접 '글루건을 손에 붙인 시범'을 본 후에는 대부분 스스로 글루건을 상자에 넣기 시작했다. 다른 사람이 다칠 수도 있다는 것을 알게 된 후로는 자신의 행동이 남에게 어떤 영향을 끼칠 수 있는지 알게 된 것이다. 장갑을 착용한 채로 녹은 글루건 액체를 잠깐 만져보는 것만으로도 왜 장갑을 껴야 하는지 자연스럽게 알게 된다. 특히 남자아이의 경우 낯선 것에 대한 두려움보다는 호기심이 더 커서 여자아이보다 위험한 것에 더 많이 노출되는 경향이 있다. 실제로 한 보험회사의 조사에 따르면 어린이 보험료 지급 비율이 여자아이보다 남자아이가 4배가량 높았다.

중요한 것은 '믿을 수 있고 이해할 수 있는 방식'으로 설명하는 것이다. 어른은 종종 자신의 언어로 아이에게 규칙을 말하곤 한다. 아이가 이해하기 어려운 단어나 위협감을 느끼는 말투로 하면 오히려 혼란에 빠질 가능성이 크다. 믿을 수 있는 방식이란 보호자와 함께 위험의 원인을 파악하는 것이다. 무엇이 뜨거운지, 무엇이 날카로운지, 무엇이 눈을 찌를 수도 있는지 직접 느껴야 한다. '만지지 마, 손대지 마, 무조건 다가가지 마!'라는 말은 아이의 호기심을 자극할 뿐이다. 차라리 함께 '연출된' 위험한 상황에 있는 것이 좋다. 이해할 수 있는 방식은 말이 아닌 직접적인 체험을 말한다. 솥이 얼마나 뜨거운지 아는 가장 확실한 방법은 직접 만져보는 것이다. 이를 통해 뜨거움이 무엇인지 확실히 이해할 수 있다. 자신의 행동이 다른 사람을 다치게 할 수 있다는 것을 직접 보는 것이 아이의 행동을 고칠 수 있는 가장 효과적인 방법이다. 아이의 눈높이에 맞춰 스스로 학습할 수 있게 하는 것이다.

습관은 고정된 것이 아니다

누구나 자신이 이해하는 방법을 찾으면 고칠 수 있다

성인도 별반 다르지 않다. 헬스장에서 개인 트레이닝을 받을 때 제일 먼저 검사하는 것이 인바디(Inbody) 측정이다. 성인은 숫자에 민감하다. 경제생활에 익숙해지면서 비용, 퍼센테이지, 매출 등 다양한 숫자 환경에 노출돼있기 때문이다. 인바디를 통해 내 몸의 구성성분을 숫자로 보고 나면 자신의 건강상태를 정확하게 인식한다. 평소에 운동을 많이 해왔던 사람이라도 트레이너가 제시하는 인바디 수치를 들을 때는 조용해진다. 숫자에 민감한 성인은 자신의 몸에서 나온 점수를 받아보고 살을 빼야겠다고 다짐한다. 다음으로는 트레이너가 식습관 관찰을 위해 매일 먹는 음식을 사진을 찍으라고 한다. 처음에는 알아서 잘 절제한다고 항의하지만, 나중에 트레이너와 함께 먹은 사진을 분석할 때면 또다시 얌전해진다.

그런 이후에야 자신의 식습관과 생활패턴을 스스로 고쳐나가기 시작한다. 만약 무조건 살을 빼야 한다고만 말하면 누구도 자신의 습관을 고치지 못한다.

습관은 한번 고정되면 고치지 못하는 것이 아니다. 누구나 자기에게 맞는 방식으로 잘못된 모습을 보고 나면 고칠 수 있는 힘이 생긴다. 사람들은 금연이나 다이어트, 자기계발을 계획하고서도 유혹을 참지 못해 넘어지는 일이 많다. 작심삼일이 아닌 작심세 시간이 되기도 한다. 그때는 자신의 약한 의지, 습관을 탓할게 아니라 자신만의 방식으로 현재의 상태를 볼 수 있는 방법을 생각해봐야 한다.

남자아이는 혼돈을 통해 성장한다

예전에 한 블로거가 '북유럽 인테리어의 최후'라는 제목으로 합성사진을 올린 적이 있다. 처음에는 신혼부부라면 누구나 꿈꾸는 북유럽식 깔끔한 거실 사진이 있다. 하지만 아이를 낳고서는 점점 아이가 좋아하는 캐릭터가 새겨진 놀이매트, 가나다 벽지, 미끄럼틀 등이 집안을 점령한다. 합성이긴 하지만 수많은 육아 맘들의 지지를 받으며 각 인터넷 커뮤니티 메인을 점령했다. 어떤 육아 커뮤니티에서 신혼부부가 '정말로 집안이 뽀로로투성이가 되나요?'라고 걱정하는 글을 올리자 수많은 육아 맘들이 자신의 이야기를 쏟아냈다.

'뽀로로와 공동육아 한다고 생각하세요.'

'저는 안 그럴 줄 알았는데 어느 날 집이 무당집이 됐더라고요.'

'집안 모든 물건에 낙서가 돼있어요. 이제는 그냥 포기하고 살아요.'

'그냥 기존의 삶이 무너진다고 생각하면 편해요.'

수많은 신혼부부가 신혼 때의 심플함과 고급스러움을 유지하며 살려 하지만 아이가 태어나는 순간 모든 것은 아이 위주로 돌아간다. 아이는 태어나는 순간부터 수많은 위험에 노출된다. 딱딱한 바닥, 의자, 손잡이, 콘센트, 유리로 된 찬장 등 모든 것들이 아이에게 치명적일 수 있다. 결국 모든 모서리에 스펀지를 붙이고 유리로 된 물건을 깊숙이 숨겨두고 딱딱한 카펫 대신 아이가 좋아하는 캐릭터 매트를 놓는다. 점점 아이들 세상이 되는 것이다. 이 과정은 죽음학자 퀴블러 로스가 말한 죽음의 5단계와 닮았다. 그는 사람이 자신의 죽음을 받아들이는 과정을 '부정하고(Denial), 왜 내가 죽어야 하느냐며 분노하고(Anger), 조금만 더 살게 해달라 타협하다가(Bargain), 우울증에 빠지며(Depression), 결국 받아들이는 상태(Acceptance)'로 요약했다. 이것을 육아에 대입해보면,

부정 - 아이를 낳아도 내 라이프스타일을 유지할 거야.

항상 신혼 분위기를 유지하려 한다. 열심히 인테리어 잡지를

보며 가구를 새로 배치하고 카페처럼 꾸미려 한다. 자신의 SNS에 햇살이 비치는 창문과 원목 테이블 위의 커피 사진을 찍어 올린다. 하지만 아이가 태어나면 육아가 곧 전투임을 깨닫는다. 하지만 남은 힘을 다해 항상 청소하고 장난감도 아이가 잘 때 즉시즉시 치운다. 하지만 이 기간은 얼마 되지 않는다.

분노 - 우리 집이 왜 아이 때문에 무당집이 되는 거지?!

집안 곳곳에 위험한 요소가 많다는 걸 알게 된다. 모든 모서리에 패드를 붙인다. 바닥에는 뽀로로 놀이 매트를 깔아둔다. 물론 매트는 아이의 시각적 자극을 위해 최대한 원색 계열로 구매한다. 집안이 점점 울긋불긋 변해가며 무당집이 된 것 같다. 얼마 전 새로 산 LED TV에 아이들이 크레파스로 낙서해놓는다. 시어머니는 아이 키우면 당연하다고 말씀하시지만 속으로는 동의할 수 없다. 분명히 패션 잡지에서는 여자아이가 깔끔한 거실에서 조용히 놀고 있는데 왜 우리 집만 이런 걸까? 어째서 매직으로 모든 가구 모서리에 낙서를 할까? 답답함이 몰려온다.

타협 - 뽀로로는 포기하고 파스텔 계열로 알록달록하게만 꾸며 보자.

차라리 집안을 울긋불긋이 아닌 알록달록으로 꾸밀 계획을 세운다. 아이에게도 좋은 자극을 줄 파스텔 계열의 매트나 다소 낮은 톤의 색상으로 가구를 바꿔보기도 한다. 아이에게도 단색의 옷을 입혀본다. 캐릭터와의 접촉을 막고 색상 변화로 분위기를 바꿔보려고 한다. 하지만 어느 순간 아이는 다시 캐릭터 장난감과 매트를 달라고 울어댄다.

우울 - 아이가 한시도 나와 떨어지려 하지 않네. 뽀로로를 보여줘야겠다.

아이는 코코몽이나 뽀로로 캐릭터가 없는 부츠는 절대로 신지 않으려고 한다. 비싸게 준 메이커 부츠는 아예 쳐다보지도 않는다. 나와 조금이라도 떨어지면 바로 울음을 터뜨린다. 화장실 볼일을 볼 때도 문을 열어놔야 한다. 몸도 지치고 마음도 지친다. 여기에 남편의 야근까지 겹치니 혼자서 우울해진다. 잠시라도 내 시간을 갖고 싶다.

수용 - 역시 캐릭터 매트와 장난감이 최고야! 이제야 내 시간이 생기는구나!

어느 순간 화려한 캐릭터 매트가 고맙다. 층간소음 방지는 물론 바닥의 냉기도 막아준다. 무엇보다 바닥에 앉을 때 매트가 푹신하게 받쳐준다. 식사 준비를 할 때 뽀로로를 보여주니 아이는 엄마를 찾지 않고 조용히 TV에 집중한다. 순간 왜 뽀로로와 공동육아라고 하는지 새삼 이해가 간다. 이제는 절대로 자신의 스타일을 고집하지 않으리. 내 시간을 조금이라도 가질 수 있다면 집안 모든 것을 캐릭터용품으로 바꿔도 상관없다.

물론 모든 어머니가 이런 과정을 거치지는 않는다. 어떤 어머니의 경우 자신의 스타일대로 집안을 항상 깨끗하게 유지하려 노력한다. 하지만 어머니가 간신히 꾸며놓은 인테리어, 장식품은 아이에게 '호기심을 충족시키기 위한 제물'과도 일치한다. 밀가루는 요리 재료가 아니라 바닥에 쏟고 뒹굴 수 있는 장난감일 뿐이고 집안 곳곳이 물감범벅이 되기 일쑤다.

수업하다 보면 물감 사용을 극히 꺼리는 아이들이 있다.

"엄마가 물감은 절대로 사용하면 안 된다고 했어요"라며 색연필이나 매직으로만 칠한다. 어쩌다 손에 조금 물감이 묻으면 바로 세면대로 가서 씻고 오기도 한다.

"집에서는 아이에게 무조건 화장실에서만 사용하라고 했거든요. 어느 순간 아이에게 미안해지더라고요. 제가 너무 아이를 억압하지 않았나 싶기도 하고…."

"장난감을 다 갖고 놀면 무조건 치우라고 해요. 그런데 나중에는 아예 가지고 놀려 하지도 않더라고요. 제가 너무 깨끗하게만 유지하려 하니까 아이도 집에서 너무 억눌려 있는 것 같아요."

어머니들도 나름대로 깨끗한 집, 정리 정돈된 집에 대한 열망이 있다. 하지만 아이의 에너지와 상충되면서 때로는 아이에게 부담을 주지 않는지 걱정된다.

무질서한 혼돈이 아들을 키운다
혼돈 속에서 아들은 스스로 패턴을 만들어간다

채 눈도 뜨지 못한 아이가 세상에 처음 태어나면 무슨 소리를 들을까?

격양된 의사 선생님의 목소리? 고통스러워하는 엄마의 신음소리? 환희에 찬 아버지의 굵은 저음? 아니다. 아이에게는 모든 것이 잡음에 불과하다.

지속적으로 엄마와 아빠의 목소리를 들으며 아이는 천천히 잡음 속에서 엄마 아빠를 구별해낸다. 《MESSY》의 저자 팀 하포드는 '무질서야말로 가장 인간적인 모습'이라며 혼돈과 무질서가 아이에게 영향을 주는 몇 가지 사례를 소개했다.

덴마크의 놀이터 공학자 칼 테오도르 쇠렌센(Carl Theodor Sørensen)은 어느 날부터 자신이 디자인한 놀이터를 어른만 만족스러워하고, 아이들은 그다지 좋아하지 않는다는 것을 발견했다. 아이들은 그네와 미끄럼틀에 금방 싫증을 냈고, 대신 근처 건설현장으로 몰래 들어가 놀았다. 아이들은 자신이 직접 나무판자와 도구를 사용해서 만들기 좋아했으며 나중에는 서로 협력해 놀면서 사회성까지 습득하는 모습을 보여줬다.

오클랜드공과대학 보건학 교수 그랜트 스코필드(Grant Schofield)는 초등학교 저학년 아이들에게 쉬는 시간마다 학교 바로 옆에 있는 버려진 공터를 개방하고 그 행태를 관찰했다. 공터에는 다양한 위험요소가 있어 놀이터보다 부상이 잦을 거라 예상했지만, 그의 생각은 여지없이 빗나갔다. 오히려 다치는 횟수가 더 적었을 뿐만 아니라 다치지 않고 오래 놀기 위해서 서로를 배려하는 모습까지 보였다. 이처럼 혼돈은 어른의 눈에는 위험하고 지저분하게 보일 수 있으나 아이들에게는 수많은 가능성을 내포한 보물창고다.

아들을 위한 '작업 구역'을 따로 만들어라
자신만의 작업대에서 아들은 성장한다

어릴 적 필자는 레고를 가지고 노는 것을 좋아했다. 밤새도록 몰래 가지고 놀다가 블록끼리 부딪치는 소리에 들켜서 혼나기도 했다. 특히 집에 혼자 있을 때는 수많은 블록을 거실 바닥에 펼쳐놓고 작업을 했다. 그러다 보면 항상 블록들을 치우는 게 문제였다. 가지고 놀 때는 즐거웠지만 작은 조각이 소파 아래나 벽 구석으로 들어가 애를 먹곤 했다.

그 모습을 바라보던 어머니는 어느 날 헌 옷들을 마치 동그란 카펫처럼 만들어 바닥에 깔아주셨다.

"이 안에서는 마음대로 놀아. 대신 이 밖으로 블록을 가지고 나오면 안 된다."

충분히 크기가 컸기 때문에 원 안에서 마음껏 레고를 만들 수 있었다. 레고를 치울 때는 간편하게 천을 들어올리면 끝이었다. 마치 만두피에 소를 넣고 감싸는 것처럼 레고는 간단하게 천과 함께 동그랗게 말려들어갔다. 다음 날 다시 펼치면 어제 만들던 그대로 레고들이 나왔다. 마법처럼 구역을 펼쳤다가 다시 접어서 사라지게 하는 것이다.

이상향을 말할 때 꼭 언급되는 것 중 하나가 '저 푸른 초원 위에 그림 같은 집을 짓는 것'이다. 미국에도 이와 비슷한 표현이 있는데 바로 '창고에 있는 자신만의 작업실'이다. 영화에도 흔히 나오는 장면 중 하나가 가족이 잠든 시간에 지하실에서 무언가를 만들거나 열중하는 남자의 모습이다. 〈심슨〉에서도 심슨이 무언가를 만들 때는 항상 차고에서 아내 몰래 아들 바트와 함께한다. 이렇듯 남자의 마음속에는 자기만을 위한 작업실, 벽에 나열된 도구에 대한 환상이 있다. 실제로 몇몇 부모님은 아들을 위해 학원과 똑같은 환경을 집에도 만들어준다고 한다. 방 한구석에 글루건과

벽에는 테이프, 망치, 가위, 칼 등 다양한 도구들을 설치하면 아들은 환호성을 지른다. 수십만 원어치의 장난감보다 무엇이든 만들 수 있는 작업대가 더 기쁜 것이다. 여기에 매주 아버지와 함께 무언가를 만드는 시간을 갖는다면 부자간의 정도 돈독해지고 아들의 표현력은 더 확장된다.

시험과 평가받을 것을 두려워하는 아들

"선생님, 이거 붙여도 돼요?"

"선생님이 잘라주세요."

"분홍색과 보라색을 섞으면 어떤 색이 돼요?"

수업 때 아이의 행동을 보고 있노라면 다음 상황이 뻔히 보이곤 한다. 빨간색과 파란색을 섞는 아이에게는 보라색이 나타날 것이고 모든 색을 다 섞는 아이에게는 거무죽죽한 색이 기다리고 있을 뿐이다. 직각 삼각형과 예각 삼각형을 구분 없이 쓰는 아이는 나중에는 서로 모서리가 맞지 않는 이상한 피라미드를 만들어낸다.

지켜보다 보면 아이들에게 나도 모르게 "그렇게 하면 안 돼요!"라는 말을 하게 된다. 이런 상황이 반복되면 아이들은 스스로 시도해보고 결과를 경험하는 것이 아니라 선생님을 통해 결과를 간접적으로 예측한다. 선생님에게 물어보는 일이 많을수록 인식의 범위가 좁아진다. 본인의 생각이 아닌 선생님의 생각을 따르는 일이 많아진다. 이 과정을 지켜보고 있으니 아이들이 미술이 아니라 마치 시험을 치고 있는 듯한 괴리감이 들었다. 나도 모르게 틀 안에 아이들을 가두고 있는 것은 아닐지 경각심이 생겼다.

아이가 학교에 들어가면서부터 평가와 시험에 노출된다
시험을 보며 아이들은 사고하는 힘을 잃게 된다

유치원에서는 큰 기대를 하지 않고 '건강하게만 자라다오' 모드로 일관하던 부모님도 아이가 학교에 입학하면 달라진다. 예전에는 놀이터에서 놀던 아이가 예쁘기만 했지만 이제는 '계속 놀기만 하면 어쩌나' 걱정이 되기 시작한다. 제일 걱정되는 것은 시험이다. 백 점을 맞은 날에는 칭찬하며 치킨을 시켜주지만, 시험지에 소나기가 내린 날엔 체벌하기 일쑤여서 평가와 시험에 상처받은 아이들이 많다. 이쯤에서 이런 생각을 해보고 싶다. 대체 시험은 왜 보는 것일까?

최초의 시험은 중국에서 관리를 뽑기 위해 만들어졌다. 이때는 충분한 시간을 들여 공자의 유교 사상을 적거나 시조를 짓는 것으로 평가했다. 하지만 사회가 발전하고 기술발달 속도가 빨라지며 더 효율적인 시스템이 필요했다. 도시로 수많은 노동자가 몰리면서 아이들은 넘쳐 났지만 학교는 부족했다. 한 아이에게 쏟아야 할 관심을 분산시킬 수밖에 없었다. 그러다 보니 한꺼번에 빠르게 실력을 측정해야만 했다. 1905년 미국에서 알프레드 비네의 지능시험을 시작으로 객관식, OMR 마킹 등 빠르고 효율적으로 보는 시험이 자리 잡았다. 하지만 중요한 문제가 있었다. 아이들은 기계처럼 빠르고 효율적으로 지식을 흡수하지 못한 것이다. 비트겐슈타인은 "배운 것을 곧이곧대로 받아들이는 시스템에서 아이들 각자가 키워야 할 소중한 것은 완전히 숨어버리거나 사라지고 만다"며 지금의 시험 체계에서는 깊은 생각을 할 수 없다고 우려했다.

시험이라고 인정하는 순간 노예가 된다

지식이 아닌 출제자의 의도를 공부하게 된다

시험에는 출제자와 수험생이 있다. 출제자는 시험문제를 내는 갑(甲)의 위치에 있고 수험생은 출제자의 문제를 푸는 을(乙)의 위치에 있다. 적어도 시험을 보는 동안에는 철저하게 갑과 을의 상황이 된다. 이런 과정을 몇 년 동안 겪다 보면 자연스럽게 수험생은 자신이 알고 싶은 지식보다는 출제자의 의도나 성향에 더 관심을 두게 된다. 학습지 광고 문구도 '최신 출제 경향 반영'이나 '출제자 의도 파악하기'가 제일 먼저 눈에 띈다. 이런 환경에 노출되다 보면 자연스럽게 '정답만을 찾는' 학생이 된다. 마치 주인과 노예처럼 질문도 할 수 없고 오로지 주인이 시키는 일만 해야 하는 것과 같다. 다행히 최근에는 저학년부터 시험을 없애거나 바꾸고 있긴 하지만 갈 길이 멀기만 하다.

'정치에 관심을 두지 않고도 도덕적으로 행동할 수 있는가?'
'예술 없이 아름다움에 대해 말할 수 있는가?'
'의무를 다하는 것만으로 충분한가?'

위 질문들은 대학교 철학전공 학생들이 나누는 대화가 아니다. 놀랍게도 프랑스 수능시험이라 할 수 있는 바칼로레아(Baccalaureat)의 문제 중 일부다. 20점 만점에 10점 이상의 점수를 얻으면 프랑스 국공립대학에 지원할 수 있는 자격이 주어진다. 시험시간은 평균 4시간 정도며 합격률은 40%대에 그친다. 시험이 끝난 후에는 신문에 올해의 문제로 실려 전 국민이 카페나 강당, 곳곳에서 자기 생각을 이야기한다. 시험의 목적은 우수한 사람을 키우는 것이 아니라 '스스로 생각하고 행동하는 건강한 시민을 키우는 것'에 있다고 한다. 이렇듯 시험의 목적에 따라 형태도 변한다. 우리가 아이를 평가할 때도 평가의 형태를 바꿔야 하지 않을까? 지금까지의 평가가 높은 점수, 평가자가 보기에 예쁜 작품을 만드는 것이었다면 이제는 다른 형태를 생각해봐야 한다.

평가를 두려워하는 아들과 함께 '과정'에 집중해라
누구보다도 인정받고 싶은 아들에게 칭찬은 독이다

남자아이는 칭찬에 민감하다. 경쟁심이 강한 아들일수록 인정받고 싶은 마음, 칭찬에 대한 욕구 또한 높다. 하지만 칭찬하는 순간 아이는 자신의 작품이 아닌 선생님의 칭찬을 얻기 위한 작품을 만든다. 그래서 필자는 수업시간에 평가하는 것을 최대한 자제하려고 노력한다. 내 말 한마디가 성취감과 기쁨을 줄 수도 있지만 반대로 칭찬을 받기 위해 '선생님 마음에 드는' 작품만 만들게 될 수도 있기 때문이다.

대신 진실하게 물어보고 반응하려고 한다. 튼튼한 칼을 만든 아이가 있으면 최대한 신나게 함께 싸우는 시간을 가진다. 로봇을 만든 아이가 있으면 로봇 결투를 해본다. 색칠하기 싫어하는 아이에게도 "색 안 칠하면 못 만든 거야"라고 하지 않는다. 그보다 먼저 왜 색칠하지 않았는지 물어봐야 한다. 중요한 것은 아이의 사고 과정에 집중하는 것이다. 단순히 '원래 남자애들은 칠하는 거 싫어하니까' 등 넘겨짚는 사고방식에 주의해야 한다. 아이도 자신의 행동 하나하나에 나름의 의미를 부여하기 때문이다. 오히려 선생님이나 어른이 자신의 의도대로 아이의 생각을 재단하는 것은 아닌지 생각해볼 일이다.

자기 자신을 위한 출제자가 되자
산속의 꽃은 누구를 위해서 향기를 내뿜지 않는다

우리는 평가로 점철된 삶을 살아왔다. 출제자 의도를 파악해 점수를 얻어 대학에 입학하고 교수의 생각에 맞춰 졸업시험을 본다. 졸업해서는 상사의 의도를 파악하는 것이 성공적인 회사생활이라고 배운다. 어른 말씀 잘 듣는 아이가 착한 아이라고 생각하게 된 것은 어찌 보면 당연한 결과다. 항상 타인의 생각에 자신을 맞추는 버릇에서 벗어나야 한다. 우리가 먼저 스스로 생각하고 행동해야 한다. 인생의 문제를 내는 사람은 부모나 친구가 아닌 나 자신이 돼야 한다. 스스로 문제를 내고 풀어가는 과정에서만 우리는 성장할 수 있다.

칭찬이 사라지면 아들은 성장한다

수업이 끝나면 아이들은 정성 들여 만든 작품을 들고 엄마에게 자랑하러 간다. 특히 어린아이일수록 엄마에게 자랑하려고 서둘러 달려나간다. 이때 미리 나가 아들을 기다리고 있는 어머니들을 보면 뭔가 재미있다. 무언가 심각한 통화를 하는 어머니, 다른 어머니와 이야기하는 분, 조용히 책을 읽으며 사색에 빠진 분, 각양각색이다.

하지만 아이들이 "엄마~" 하고 달려 나오면, 마치 모두 약속이라도 한 듯이 똑같은 톤으로 같은 말을 한다.

"어머~~! 우리 아들 정말 잘했다!!"

아들을 낳고서 배우가 된 어머니들
판에 박힌 어머니의 칭찬 패턴

어머니는 자식을 낳고 연기수업을 받는 것 같다. 생애 가장 기쁜 순간을 표현하라는 지시를 받고 연기하는 배우처럼 갑작스레 얼굴의 표정이 환해지고 목소리가 고음으로 변한다. 누구라 할 것도 없이 아들이 가져온 작품을 칭찬하기 바쁘다. 이 순간을 바라보며 흐뭇함을 느끼고 계속 관찰하고 있으면 몇 가지 공통점을 발견된다.

1. 일단 큰 소리로 칭찬한다.

"어머~~!!"

"세상에~~!!"

"꺄~~!!"

대부분 이 세 단어를 외친다. 마치 아이가 생애 역작을 만들고 오는 것처럼 반응한다. 아들은 나름대로 엄마의 반응이 익숙한 듯하다. 으쓱거리며 엄마에게 자신이 뭘 만들었는지 설명한다. 때로는 엄마와 아들은 퀴즈쇼를 한다. 특히 형태가 불분명한 것들을 만들었을 때 어머니가 "음~ 비행기인가?"라고 하면 아들은 표정이 섭섭함으로 바뀐다. 그럼 엄마는 바로 "아, 괴물이구나!"라고 하면 아들은 "아니야! 자동차야!"라고 소리친다.

2. 때로는 어머니의 눈이 작품을 향해있지 않고 다른 것(핸드폰, 읽던 책 등)을 향해있다.

무언가 분주한 어머니의 경우 아이의 작품을 보지 않고 칭찬한다. 고개는 작품을 향해있지만, 실제로는 옆에 있는 여동생이나 다른 아이의 작품을 본다. 아이는 그런 어머니의 시선을 은연중에 알아챈다. 그리고 다시 어머니 시선 중앙으로 이동해서 자신을 봐 달라고 요구한다.

3. 칭찬 외에 구체적인 질문이 없다.

"정말 잘 만들었다."

"어머 어떻게 한 거야?"

"세상에 어떻게 이런 생각을 했니?"

일단 칭찬으로 아이와 대화를 시작한다. 하지만 그 뒤에 특별한 질문이 없다. 마치 작품보다는 '이제 빨리 동생 데리러 가야지', '이제 이 큰 작품을 어떻게 들고 가지?' 등 앞으로 해야 할 일에 대해 고민하는 것 같다. 아이는 더 많은 의견을 듣고 싶어 계속 엄마에게 잘 만들었냐고 물어본다. 하지만 엄마는 이렇게 말한다.

"그래~! 잘 만들었다니까. 이제 빨리 가자."

무조건 칭찬하는 엄마와 칭찬에 목말라하는 아이
칭찬도 독이 될 수 있다

"우리 엄마는 제가 뭘 해도 잘했다고 해요."

수업하면서 때로 아이에게 "이거 멋지게 그리면 엄마가 정말 좋아하실 텐데!"라는 말로 아이의 행동을 유도하기도 한다. 하지만 대부분 아이는 "어차피 아무렇게나 해도 엄마는 잘했다고 해요"라고 한다. 그 말 안에는 영혼 없는 칭찬과 무관심에 대한 서운함이 담겨있다. 어느 순간부터 칭찬이 아무런 위력도 발휘하지 못하는 것이다. 칭찬도 화폐처럼 인플레이션을 겪는다. 남발되는 칭찬에 가치가 낮아지면 그만큼 더 많은 칭찬을 해줘야 만족하는 것이다. 어머니의 환호성에 익숙하다 보니 때로는 무미건조한 표정을 짓는다.

"아무리 칭찬해줘도 매 순간 인정받고 싶어 해요."

반대로 어머니들은 아들이 가면 갈수록 인정받고 싶어 하는 모습이 심해진다고 한다. 매일 아들이 와서 "엄마 이거 어때?", "이거 잘했어?"라고 물어본다. 그럴 때마다 잘했다고 해도 몇 분도 채 지나지 않아 또 같은 말은 반복한다.

심리학자 아들러에 의하면 칭찬은 오히려 독이 될 수 있다. 칭찬 자체가 수직적 관계의 산물이기 때문이다. 아이를 칭찬하는 순간 '칭찬하는 자'와 '평가받는 자'가 탄생한다. 이후에 평가받는 자 위치에 있는 아이는 계속해서 자신의 작품을 평가받기 위해 자기가 원하는 것이 아닌 칭찬하는 사람이 원하는 것을 할 가능성이 크다. 그렇다면 대체 어떻게 칭찬을 해야 할까? 한 가지 해답을 아이들을 관찰하면서 발견했다.

한 아이(A)가 자신의 작품을 만들고 있다. 이때 다른 아이(B)가 와서 묻는다.

B : (작품을 만든 A를 보며) 우와 이거 네가 만든 거야?

A : 응!

B : 색칠한 게 진짜 공룡인 줄 알았어!

A : 모양은 어때? 진짜 공룡 같지 않아?

B : 글쎄…? 모양은 잘 모르겠어. 여기 꼬리도 너무 긴 것 같은데?

A : 진짜? (약간은 시무룩한 표정) 그럼 어떻게 고치지?

(그 뒤로 결국 A는 공룡의 꼬리를 고쳤다)

간단한 대화지만 여기서 어머니의 칭찬과 친구 B의 칭찬을 구분할 수 있었다. 친구 B는 A의 작품을 칭찬하지 않고 인정했다.

그것도 두루뭉술한 내용이 아닌 정확하게 '색칠'에 한해서 진짜 공룡 같다고 말했다. 단순히 "잘했어"라 한 게 아니라 진지하게 평가했고 색칠한 것에 한해서는 '인정'한 것이다. 이후에 A가 B에게 형태에 관해 묻자 B는 꼬리가 너무 긴 것 같다고 '의견'을 말한다. 단순해 보일지 몰라도 충분히 관심을 기울여야 가능한 질문이다. 상대방에게 관심을 받은 아이는 어떻게 고쳐야 할지 생각하고 용기를 낸다.

하지만 어머니의 칭찬은 일단 아이의 작품 모든 것이 다 잘된 것으로 시작한다. 이 말은 곧 고칠 것이 없다는 의미이며, 고칠 것이 없으니 더 이상 관심을 기울일 필요가 없다는 뜻이다. 이후에 고칠 것을 찾아낸다면 그것은 결점이자 흠이 된다. 방금까지는 완벽하다고 칭찬하더니 바로 고쳐야 한다고 말하면 누구나 인정하기 싫어진다. 하지만 B의 경우 색칠이 잘된 부분만 인정하고, 형태는 고칠 것이 있다고 말해줬다. 아이가 원하는 것이 바로 이 과정이다. 아이에게 필요한 것은 무조건적인 칭찬이 아니라 구체적인 관심과 의견이다.

도전! 무(無) 칭찬 수업!

칭찬이 아닌 관찰이 아들의 자존감을 세운다

필자는 '칭찬보다는 관심'이라는 나만의 모토를 걸고 무(無)

칭찬 수업을 진행하고 있다. 조그마한 것에도 “오~ 잘했는데!”보다 “날카롭게 잘랐는데?”라고 말해준다. 이렇게 사소하더라도 나만의 의견을 말하는 것이다. 처음에는 칭찬에 익숙한 아이들이 이상한 눈으로 보기 시작했다. 어떤 아이는 “왜 칭찬 안 해줘요?”라고 말하기도 한다. 하지만 점차 의견 말하기에 익숙해지면 몇 가지 변화가 생긴다.

1. 아이들이 만드는 작품에 기존보다 몇 배 더 관심을 기울여야 한다.

– 의식적으로 아이들 작품에 더 많은 관심을 기울이면서 특징을 관찰해야만 한다. 이는 많은 관찰과 관심을 요구한다. 하지만 익숙해지면 아이들이 왜 이런 형태로 만드는지, 왜 색칠하지 않는지 파악된다.

2. 그 관심을 기반으로 아이에게 맞는 권유를 할 수 있다.

– 선생님이 “자 이제 색칠해보자”라고 하면 대부분의 남자아이는 “왜요?” 또는 “싫은데”라고 말한다. 조금 건방지게 들릴 수도 있지만 아이 입장에서는 충분히 이의를 제기할 수 있다. 하지만 관심을 갖고 의견을 말하면 반응은 달라진다. “내가 며칠 전에 만화 봤는데 딱 네가 만들고 있는 로봇이 닮았더라고. 특히 흰색으로 칠하면 사람들이 좋아하는 로봇이랑 똑같은 거 같아”라고 말

하면 아이도 나름 납득을 한다.

3. 아이들도 선생님의 의견을 좀 더 잘 받아들이게 됐다.

– 흔히 말하는 '영혼 없는 칭찬'은 겉은 화려하지만 속은 텅 비어있다. 하지만 관심을 갖고 의견을 말하면 듣는 아이들도 '내 작품이 진지하게 관심받고 있구나' 하고 생각한다. 그럼 어느 순간부터 아이와 선생님 사이에 '동료애'가 싹튼다. 그래서 나중에는 굳이 이유를 말하지 않아도 선생님의 의견을 바로 받아들인다.

수업을 진행하면 할수록 어머니들이 왜 아이들에게 의견 대신 칭찬을 많이 하는지 이해가 간다. 육아와 가정일에 지쳐 아이의 작품에 관심을 가질 에너지와 시간이 부족하기 때문이다. 특히 집에서 24시간, 잠잘 때도 붙어있는 아이들에게 지속적으로 관심을 갖기란 불가능에 가깝다. 대신 한번 아이의 작품을 볼 때 다양한 질문을 하는 건 어떨까? 아이 스스로 자신의 작품을 설명할 수 있는 시간을 줘도 좋을 것이다. 특히 아버지와 이 역할을 나누면 좋다. 같은 남자이기에 아버지의 인정과 의견은 든든하게 자존감을 세워주기 때문이다.

창의력을 키우려면 장난감을 없애라

"이번 시험 때 전체 과목에서 일곱 개까지만 틀리면 장난감 사줄게."

어릴 적 레고가 무척 갖고 싶던 나에게 엄마가 내건 협상 조건이다. 그 당시 시험을 보고 나면 전체적으로 20개 이상씩 틀리던 나에게 힘든 미션이었다. 지금 생각해보면 진심으로 레고가 갖고 싶었던 것 같다. 밤늦게까지 공부하고 정말 열심히 단어들을 외웠다. 기적적으로 7개만 틀려서 원하던 레고 항구 시리즈를 받았다. 영화 〈인생은 아름다워〉에서도 비슷한 조건이 나온다. 나치 수용소로 끌려간 아버지 '귀도'는 5살 아들 '조수아'에게 비참한 수용소의 진실을 알릴 수 없었다. 결국 이 상황을 게임으로 만들어 아들과 협상한다. 탱크를 갖고 싶어 하는 아들에게 1,000점을 따면 진짜 탱크를 얻을 수 있다고 설득한다. 군인이 다가올 때 들키지 않으면 1점씩 주는 방식으로 귀도는 조슈아를 무사히 숨길 수 있었다. 그만큼 장난감은 아이들에게 강력한 동기부여를 해준다. 반대로 수업을 하다 보면 장난감을 얻기 위해 부모님을 협박하는 아이들도 있다. 원하는 장난감을 사주지 않으면 교실에 들어가지 않겠다고 하는 것이다. 대부분 아이의 승리로 끝난다. 아이의 떼쓰는 모습에서 탈출하기 위해 장난감을 사주는 부모가 많기 때문이다.

장난감의 역설, 아이들을 중독시킨다

중독을 벗어나는 길은 실컷 '함께' 노는 것

"한번 사주기 시작하니까 계속 사줘야 해요. 크기도 점점 커져서 이제는 웬만한 걸로는 꿈쩍도 안 해요."

"이 장난감이 또 시리즈로 계속 나와요. 혹시나 다음번 시리즈는 안 나오겠지 했는데 결국 시즌 2.0으로 나오더라고요."

"집에 장난감이 엄청 많은데 이상하게 가지고 놀지를 않아요. 찬장 안에 보관해놨다가 손님이나 친구 올 때만 잠깐 보여줄 뿐이에요. 그래도 또 장난감을 사달라고 해요."

많은 부모님이 장난감에 집착하는 아이를 걱정한다. 처음에는 아이다운 행동이라고 생각한다. 하지만 점차 방 하나가 장난감 창고로 변하고 심지어 새로 나온 시리즈를 구하기 위해 등교거부도 서슴지 않으면 고민은 점점 심각해진다. 한 어머니는 아들이 친구를 집에 초대하고도 각자 아무 말도 하지 않고 장난감을 가지고 노는 모습에 충격을 받았다고 한다.

서울교대 곽노의 교수는 "술을 마시는 것이 친교의 수단이 아니라 다른 목적이 되면 알코올 중독인 것과 마찬가지로, 다른 아이들과 함께 놀기 위해서가 아닌 장난감을 가지고 노는 것 자체가 놀이의 목적이 된다면 그것은 '장난감 중독'이라고 볼 수 있다"며 장난감 중독을 설명했다. 그는 이어서 "놀이를 구성하고 있는 3가지 요소는 놀이공간, 놀이대상, 놀이매개체 또는 장난감인데, 사회가 발달할수록 놀이공간과 놀이대상이 부족한 상태에서 놀이매개체만 많아지다 보니 장난감에만 집중하는 장난감 중독 현상이 나타난다"고 지적했다. 아이들이 서로 소통할 수 있는 장소와 대상이 점차 줄어들자 빈 공간을 장난감이 점령하기 시작한 것이다.

장난감은 말을 하지 않는다. 버튼을 누르면 미리 입력된 기계 음성만 나올 뿐이다. 질문하거나 접촉에 의한 따스함을 느낄 수도 없다. 오로지 내가 만든 세계에서 장난감은 내가 원하는 대로 움직이고 대답할 뿐이다. 이런 관계에 익숙해진 아이는 다른 아이들과의 소통에도 문제가 생길 수밖에 없다.

수업 때도 많은 아이가 장난감을 가지고 들어온다. 이번에 새로 산 최신 장난감부터 캐릭터 카드 시리즈, 만화책 등 다양하다. 놓고 오라고 말해도 꼭 옆에 놓고 수업을 받는다. 어느 날 재미있는 현상을 발견했다. 장난감을 놓지 못하는 아이와 신나게 칼싸움, 총싸움하며 교실 바닥을 뒹굴었다. 선생님과 싸우기 위해 무기를 만들고 아이는 집으로 갔다. 놀라운 건 한 시간 전만 해도 절대 손에 놓지 못하던 장난감을 두고 간 것이다. 처음에는 단순한 실수로 치부했다. 하지만 계속해서 비슷한 일들이 일어났다. 나중에는 선생님이 "장난감 가져가야지~!"라고 말해줘야만 챙겨갔다. 신기하게 아이들은 선생님과 신나게 놀고 나면 장난감에 대한 관심이 확 줄어든다. 신나게 놀고 난 후에는 장난감은 애초에 없다는 듯이 교실을 나선다. 분명 보물 같은 장난감인데 선생님, 친구들과 놀고 나면 더 이상 필요 없는 물건인 듯 보이는 게 신기했다. 왜 그런 걸까?

장난감 없는 유치원
오히려 장난감을 만드는 아이들

1992년 독일의 북 바이에른 지방에서는 '장난감 없는 유치원 만들기' 운동을 시작했다. 처음에는 '장난감 없이 아이들이 어떻게 즐겁게 놀 수 있겠냐'는 걱정을 듣기도 했다. 하지만 아이들은 빈 교실에서 처음에는 조금 어색해하더니 곧장 뛰어놀기 시작했다. 자신들이 직접 놀이를 만들어 팀을 나누고 규칙까지 정하는 모습을 보여줬다. 어떤 아이는 집에서 가져온 재료로 무기를 만들기도 하고 다 함께 인근 마을에서 빈 상자를 모아 성을 만들었다. 형들은 동생에게 성 짓는 법을 가르쳐주며 자연스레 협동심을 익혔다.

이후 유아교육 선진국인 독일에서는 수많은 성과를 이루며 지금까지 장난감 없는 유치원 운동이 이어지고 있다. 현재 베를린 내 유치원의 20%는 이와 같은 방식을 따르고 있다. 보통 부모들은 아이의 지루함을 달래주기 위해 장난감을 사준다. 아이가 그 장난감에 질리면 다시 새로운 장난감을 사주는 악순환이 반복된다. 하지만 역설적으로 지루함에서 창의력은 피어난다. 수업 때도 아이들은 스스로 놀이를 만들고 작품을 제작한다. 재료가 없으면 재료를 만들기도 한다. 이런 과정에서 장난감은 자연스럽게 자신의 위치로 되돌아간다. 바로 친구와 소통하는 데 도움을 주고 창의적으로 발전할 수 있게 해주는 것이다.

아들의 창의력을 성장시키는 재료의 조건
비싼 장난감이 아닌 좋은 재료를 사주자

매년 부모들은 창의력을 키워주는 장난감, 도구에 수십만 원에서 수백만 원을 지출한다. 커피값 한 잔에 벌벌 떨면서도 아이의 창의력을 위해서라면 고가의 교구나 교재 구매를 마다치 않는다. 그러나 비싸다고 무조건 좋은 것은 결코 아니다. 한번 시간을 내어 자신의 아이가 택배 상자나 재활용품으로 즐겁게 노는 것을 관찰해보자. 좋은 재료의 조건들이 보일 것이다.

TIP! 좋은 재료의 조건 3가지!

먼저 값이 싸고 양이 많아야 한다. 아무렇게나 써도 부담되지 않을 가격과 충분한 양이 확보돼야 한다. 만약에 고가의 재료라면 어른은 아이가 확실한 결과를 내주기를 바랄 것이다. 아이는 아이대로 부모님 눈치가 보일 수밖에 없다. 마음대로 실패하고 버려도 되는 정도의 많은 재료가 필요하다.

두 번째, 칼이나 가위로 가공이 쉬워야 한다. 레고 블록은 훌륭한 장난감이자 재료이지만 블록 자체는 자를 수 없다. 그래서 다양한 종류의 블록을 필요하다. 이는 곧 블록 구입을 위한 추가적인 소비를 뜻한다. 훌륭한 재료는 원하는 대로 자르거나 붙일 수 있어야 한다.

마지막으로 재료에 일정한 형태와 다양한 패턴이 있어야 한다. 인터넷을 보면 한 가지 재료만으로 예술가 못지않은 작품을 만드는 사람들이 있다. 성냥개비만으로 거대 함선을 만든 사람, A4용지 한 장으로 입체 팝업카드를 만든 사람, 타조알 공예를 하는 사람 등. 예술작품 제작이 가능한 이유는 재료가 일정한 형태로 반복되기 때문이다. 아이들이 상자나 페트병을 좋아하는 이유도 마찬가지다. 육면체와 원통형이라는 일정한 형태가 있어서다. 모두가 똑같은 육면체가 아닌 다양한 크기라는 패턴이 있을 때 아이들은 재료를 신뢰한다. 자신이 충분히 다룰 수 있다는 생각이 들면 작품을 만들기 시작한다.

아들의 구역을 최대한 지켜줘야 한다

한 방송에서 사회자가 어머니들에게 "만약에 투명한 냉장고가 있다면 어떨까요? 냉장고 문을 열지 않아도 내용물을 알 수 있지 않을까요?"라고 질문했다. 그러자 바로 어머니 패널에서는 한숨이 나오면서 이렇게 말했다.

"그렇게 되면 아마도 새까만 비닐봉지만 보일걸요? 만약 누가 허락도 없이 제 냉장고를 열어서 정리하려 하면 가만 안 둘 거에요. 설령 자식이나 남편이라도 말이죠."

성인 남자는 어떨까? SNS에서 수만 개의 '좋아요'를 받은 사진이 있다. 한 남자가 법정에 서서 자신의 살인누명을 변호하고 있다. 변호사는 그 남자가 사건이 일어난 시간 집에서 인터넷 서핑을 하고 있다는 증거로 그의 인터넷 방문기록을 공개하려고 하자 남자는, "판사님. 그냥 제가 죽였습니다"라고 말한다.

유머이긴 하지만 그만큼 많은 사람이 공감하고 있다는 사실은 분명하다. 내 컴퓨터, 내 인터넷 방문기록은 누구도 접근해서는 안 되는 '성역'과도 같은 것이다. 당연히 아이에게도 자기만의 공간이 있다. 우리와 똑같이 침범당하는 것을 싫어하고 불쾌해한다.

어릴 적 숙제는 일기장을 부모님과 선생님에게 검사받는 것이었다. 매일 있었던 일을 적어 선생님에게 '참 잘했어요.' 도장을 받기 위해 최선을 다했다. 그러다 어느 날 눈치 없이 '오늘은 엄마 아빠가 싸웠다. 엄마가 울었다'라고 적었다가 어머니께 평소보다 두 배로 혼난 기억이 있다. 이때부터 '사전 검열'이라는 것이 무엇인지 알게 됐다. 결국 어느 순간부터 일기를 쓰지 않았다. 나만의 공간이 아니라고 느꼈기 때문이다. 일기는 개인의 가장 솔직하고 은밀한 공간이 돼야 하는데 누군가에게 검사 맡는 것 자체가 말이 안 된다. 마치 내 방에 자동문을 달아놓은 격이라고 할까?

어른에게는 좋아 보여도 자존심에 상처받는 아들
아들의 영역 = 자존심

"민형아. 이번에는 뭘 만들 거야?"

"선생님 저번 주부터 생각했던 게 있어요. 오늘은 인형 뽑기 기계를 만들 거예요!"

"인형 뽑기 기계? 좋아. 한번 만들어보자!"

항상 힘차게 수업을 시작하는 민형이. 상상 속의 공룡이나 우주선, 미사일 등 보통 친구들이 좋아하는 주제가 아닌 평소 생활 속에서 볼 수 있는 물건이나 탈 것들을 만든다. 예를 들어 여름 방학 때 가족과 함께 탑승했던 항공기, 거실에 있는 선풍기, 태블릿 PC 등 생활밀착형 주제를 다룬다. 게다가 각각의 작품은 엄청난 디테일을 자랑한다. 선풍기의 경우는 회사 상표와 '연속, 정지' 숫자까지 깨알같이 적혀있다. 이번에 만들고 싶은 인형 뽑기 자판기도 분명 자판기에 있는 주의사항까지 재현할 것이다. 선생인 나로서는 무엇을 해야 할까? 좀 더 멋지게 만들 수 있도록 재료나 가공 방법을 알려주는 것이 최선이다.

"민형아. 자판기의 형태가 너무 거칠다. 자로 살짝 잘라보면 어떨까?"

"아뇨. 저는 제 생각대로 할 거예요. 대신 유리창 부분을 만들어 주세요."

하지만 아쉬운 마음에 나도 모르게 아이에게 상당히 무례한 짓을 했다. 바로 아이의 작품을 내 '커터칼로 정확하게 잘라준' 것이다.

"선생님! 제 작품에 손대지 마세요!!"

순간, 민형이의 날카로운 목소리가 교실에 퍼진다. 교실은 조용해졌다. 민형이에게 사과하고 새로운 재료를 줄 수밖에 없었다. 날카로운 목소리에서 민형이만의 공간을 엿볼 수 있었다. 어디까지가 외부인이 개입할 수 있는 '게스트룸'이고 허락 없이는 절대 들어오면 안 되는 '마이룸'인지. 아이는 사전에 나에게 공지를 했다. 바로 '자판기 유리창'이라는 영역에 한해서 작품에 관여할 수 있다는 뜻이었다. 처음에는 민형이의 반응에 조금은 섭섭했다. 어른으로서, 선생으로서 좀 더 좋은 작품을 만들기 위해 도와준 것뿐인데. 하지만 아이는 자신의 영역을 침범당했다고 느낀다면 그것이 도움이어도 불쾌해한다. 순간 선생이라는 위치를 이용해 민형이의 영역에 함부로 침입한 것이다.

아들의 영역을 지켜주면 보답이 돌아온다.
'말을 잘 듣는' 아이가 되게 하는 효과적인 방법

민형이를 보면서 나를 돌아보게 된다. 언제 내가 공격적이 되는가? 나만의 공간을 침범당했을 때 공격적으로 변한다. 누구에게나 자기만의 공간이 있다. 세상에 60억의 인간이 있다면 60억 개의 공간이 있는 것이다. 그 공간에는 오직 나만 들어갈 수 있는 '마이룸'과 누구나 초대할 수 있는 '게스트룸'이 있다. 사람과 사람은 서로의 '게스트룸'으로 초대해서 외로움을 달래며 서로 교제하며 살아간다. 건강한 관계란 마이룸의 크기를 조금씩 줄이고 게스트룸을 넓혀서 더 많은 사람을 초대하고 이해하는 것이다.

민형이의 작품에 대한 고집은 어떻게 해야 할까? 그냥 놔두면 민형이는 더 좋은 작품을 만들 기회를 놓치게 된다. 반대로 강제로 가르치려 하면 반감만 커진다. 우리가 살면서 남에게 조언할 때도 마찬가지다. 필자는 이렇게 해결책을 제시하고 싶다.

예의를 갖춰서 상대방이 좋아하는 방식으로 노크할 것. 설령 어린아이라도.

그다음 수업부터는 민형이에게 나름의 '예의'를 갖춰서 접근했다. 아이의 허락 없이는 작품을 고쳐주거나 만들어주지 않았다.

아이가 허락한 부분에 한해서만 도와줬다. 그리고 민형이는 전문적인 용어를 좋아한다는 것을 알게 됐다. 기계 팔이 유압실린더로 움직인다거나 자동차의 라디에이터 그릴 등을 알려주면 스펀지처럼 용어를 흡수하고 사용했다. 그래서 이번에는 '전문가 배지'를 달고 접근해봤다.

"민형아, 비행기의 경우는 날개 부분에 방향타라고 방향을 관리하는 부분이 있어. 알고 있어?"

"어, 처음 들어요. (날개의 뒤쪽을 가리키며) 이 부분인가요?"

"맞아. 위아래로 움직이면서 양력을 조절하는 부분이야. 그래서 이 부분에는 (경첩을 전해주며) 이 부품을 쓰면 더 진짜 같아진다?"

"그럼 한번 써볼게요."

너무나 쉽게 받아들이는 것을 보며 나는 속으로 쾌재를 부르면서 다음으로는 비행기 뒷부분 꼬리 날개를 가리켰다. 이륙할 때 부딪히지 않기 위해서 이 부분은 둥글게 만들어야 한다고 '아이가 이해하기 쉽게' 설명했다. 그러자 민형이는 그 부분도 인정하면서 모양을 수정했다. 신기한 느낌이었다. 민형이가 쉽게 받아들이는 통로를 발견했다는 기쁨과 그 아이의 게스트룸에서 한 단계 더 들어가 '게스트룸- 레벨2'로 진입한 느낌이었다. 지난 작품보다 훨씬 사실 같은 비행기를 보며 놀라시는 모습을 보며 어머니께도 민형이의 '게스트룸- 레벨 2'로 들어가는 방법을 살짝 알려드렸다.

이제 우리를 돌아보자.

누군가 의도치 않게 간섭해서 상처를 받은 적은 없는가? 그 사람의 어떤 말투와 행동이 내 영역에 함부로 침입했는가? 반대로 내가 누군가의 영역에 함부로 침입하지 않았나? 그래서 연락이 끊기거나 싸우지는 않았나 생각해보자. 만약 그런 경험이 있다면 앞으로 어떻게 예의를 갖춰야 할까? 그리고 상대방이 좋아하는 '노크 방식'은 무엇일까? 한번 관찰해보자.

화려한 그래픽에 눈만 높아진 아이들

어릴 적 가족들과 함께 〈쥬라기 공원〉을 보러 간 적이 있었다. 나는 당연히 〈아기공룡 쭈쭈〉와 같은 인형탈을 쓴 공룡이 당연히 나오리라 생각했다. 하지만 당시 혁명적이었던 영화 CG를 보면서 어디서 실제로 살아있는 공룡을 잡아서 촬영했다고 확신했다. 특히 랩터가 주인공을 찾아 부엌에서 뛰어다니는 장면에서는 우는 아이도 있었다. 쥬라기 공원 이전과 이후로 영화를 구분할 정도로 쥬라기 공원의 CG 효과는 충격적이었다. 이후에는 사람들 눈이 높아져 할리우드에서는 CG가 아니면 촬영을 거부할 정도였다고 한다. 아이 또한 마찬가지다.

"우리 아이가 눈이 너무 높아졌어요. 이제 그림책도 안 보려고 해요. 패드에 나오는 동화가 훨씬 더 멋지다고 하고 책은 보려고 하질 않아요."

"엄마, 아빠가 그림 너무 못 그린다고 하면서 아예 인터넷으로만 이미지를 찾아보려고 해요. 게다가 자기는 사진처럼 멋지게 그림을 못 그린다며 아예 그리기를 포기했어요."

요즘 아이들은 화려한 동화책이 아니면 거들떠보지 않는다. 실제로 디즈니에서 출시하는 아이들을 전용 동화책은 영화 그래픽과 전혀 다르지 않다. 디지털 태블릿으로 보는 인터랙티브(interactive) 동화책은 한 편의 영화를 보는 것 같다. 이런 상황에서 오히려 가장 큰 피해자는 아이들이다. 눈은 이미 한껏 높아졌는데 자신의 손으로 그린 그림은 조악하기 짝이 없다. 이미 화려한 그래픽에 익숙해진 아이들은 자신의 그림을 보고는 다시 그리고 싶어 하지 않는다. 더 심각한 것은 아이들이 스스로 그리는 힘을 잃어버린 것이다. '나도 노력하면 그릴 수 있겠다'가 아니라 아예 딴 세상의 그림처럼 느껴지기에 자신에게는 그리는 능력이 없다고 판단해버린다. 아이들의 한숨이 나에게도 나오는 순간이다. 과연 이대로 그리는 것을 포기할 것인가?

자신의 졸라맨으로 낄낄대는 아이들
놀기 위한 그림은 잘 그릴 필요가 없다

그러던 중 교실 구석에서 낄낄거리며 모여있는 아이들을 보게 됐다. 들여다보니 졸라맨 시리즈를 그리고 있었다. 입담 좋은 아이 한 명이 졸라맨과 똥의 싸움이라는 주제로 그림을 그리자 아이들 모두 귀를 기울여 듣고 있었다. 특히 주인공이 똥에 파묻힌 대목에서는 모두 박장대소하며 자기도 그려보고 싶다고 했다. 결국 그날 수업의 주제는 졸라맨 그리기가 됐다. 아이들에게 물어봤다.

"아까는 변신로봇 그려보고 싶다고 하지 않았니?"
"에이~ 그거 어차피 못 그리는 거 알고 있어요."
"그럼 졸라맨은 왜 그리는 거야? 너무 시시하지 않니?"
"혼자 그리면 재미없는데 지금은 다 같이 그려서 재미있어요."

'어차피 못 그려요'와 '혼자서 그린다'라는 말에서 힌트를 얻을 수 있었다. 아이들도 애초에 자신이 못 그린다는 것을 알고 있다. 순간 혼자서 TV 앞에 앉아 만화를 보는 아이와 다 함께 놀이터에서 노는 아이들의 모습이 떠올랐다. 아이들이 정말로 원하는 것은 화려한 장난감이나 그래픽이 아닌 다 함께 즐겁게 노는 것이 아닐까? 아이들은 서로 그린 졸라맨으로 이야기를 나누기 시작했다. 더 이상 화려한 그래픽의 디즈니 캐릭터나 변신 자동차의 복잡한 그림은 필요 없었다. 여기에 힌트를 얻어 실험을 진행했다. 작업용으로 쓰는 아이패드에 애니메이션을 만들 수 있는 앱을 설치했다. 'Folioscope'라는 앱으로 캐릭터를 그리고 조금씩 움직이게 할 수 있다. 선생님이 먼저 시범을 보였다. 졸라맨이 똥을 참다가 배가 부풀어 오르다가 마지막에 똥을 누고 행복해하는 애니메이션이었다. 굉장히 단순하고 지저분한 내용이었지만 아이들은 열광했다. 이후에는 너도나도 졸라맨을 그리기 시작했다.

남자아이들이 정말로 원하는 것

아들은 세상을 바꾸길 원한다

졸라맨 그리기 열풍은 한동안 계속됐다. 아이들은 교실에 들어오자마자 다른 친구들이 그린 애니메이션을 보며 품평하는 시간을 가졌다. 자신의 애니메이션을 보고 다른 친구들은 얼마나 즐거워했는지 계속 물어봤다. 이후에는 상영회 시간을 만들어 자신이 그린 애니메이션을 다른 친구들에게 보여주고 설명하도록 했다. 아이들은 진지하게 자신이 만든 5~8초 애니메이션의 '제작 의도'를 설명했다. 재미있는 작품에는 웃음으로 관람료를 대신했다. 특이한 점은 평소 그림을 잘 그리는 아이들도 졸라맨 애니메이션 열풍에 참여했다는 것이다. 흰 도화지 위에 그리는 그림보다 움직임이 있고 다른 친구들에게 자신의 그림을 보여주는 것이 더 즐거운 듯 보였다. 어떤 아이는 몇 주의 시간을 투자해서 40초짜리 장편 애니메이션을 만들었다. 이 과정에서 깨달은 것은 아이들이 원하는 것은 다른 사람에게 즐거움을 줄 수 있는 행위라는 점이다. 더 구체적으로 말하면 자신의 그림이나 표현이 세상에 영향을 끼치는 것에 큰 성취감을 느꼈다. 마치 상을 받은 영화감독이 자신의 영화를 통해서 사람들의 인식이 변화되길 원한다는 취지와 비슷하다. 화려한 그래픽이 들어가거나 얼마나 잘 그렸느냐가 아닌 친구들이 얼마나 웃고 즐기느냐에 더 많은 가치를 둔다. 생각해보면 학창 시절에는 항상 교과서 귀퉁이에 뛰어다니는 졸라맨을 그리는 친구들이 있었다. 딱히 그리기를 좋아하거나 잘 그리지는 못했지만, 그들은 친구가 깔깔대며 웃는 것으로 충분히 만족해했다. 아이들도 누군가의 칭찬이 아니라 친구들이 그저 즐거워하는 것으로 충분히 만족한다.

아이들이 원하는 것 또 하나, 그럴싸함
비례만 맞아도 아들은 만족한다

진심으로 잘 그리고 싶은데 잘 되지 않아 매번 그림을 찢는 아이가 있었다. 어느 정도 그리다가 뭔가 아니다 싶으면 짜증을 내며 바로 도화지를 구겨버린다. 평소 그림을 세밀하게 그리는 편이었고 그리기도 좋아하는 아이다. 좀 더 자세히 관찰해보니 세부적인 것에 집중하다 보니 전체적인 비례가 깨지는 상황이다. 유니콘의 뿔과 머리 부분만 신경 써서 그리다 보니 전체적인 말의 모습이 이상해진다. 결국 아이는 또 도화지를 구겨버리며 짜증을 내고 만다.

아이와 함께 실루엣 그리기 놀이를 제안했다. 그리고 싶은 유니콘 사진의 윤곽선은 선생님이 볼펜을 이용해 따라간다. 아이는 선생님과 똑같이 출발한다. 선생님이 머리를 그리기 위해 유니콘의 머리 윤곽선을 그리면 아이도 선생님의 손을 보며 똑같이 그린다. 이때 지루함을 덜기 위해 "여기 뿔 끝을 지나면 낭떠러지가 있으니 아래로 쭉 그려보자"와 같이 말하며 진행하면 좋다. 처음에는 구불구불한 선뿐이지만 결과물에는 마치 실루엣처럼 유니콘의 형상이 나타난다. 그러고 나서 자신의 그림을 본 아이는 굉장히 신기해한다.

그동안은 부분적으로 그려나가다 비례를 망치기 일쑤였지만, 선생님과 함께 전체 윤곽을 먼저 잡자 그럴싸한 유니콘이 완성됐기 때문이다.

아이가 할 일은 유니콘 실루엣의 속을 채우는 것뿐이다. 한번 전체적인 틀을 잡아주면 균형적으로 보는 법을 배우게 된다. 다른 아이들도 이와 같은 방법으로 전투기, 역동적인 아이언맨 등의 그림을 함께 그렸다. 특히 역동적인 캐릭터의 경우 처음에는 아예 엄두를 못 내는 경우가 많았다. 아이언맨이 착륙할 때 한쪽 팔을 옆으로 펼치고 무릎을 꿇고 있는 모습은 그야말로 '초 고난이도' 그림이다. 하지만 선생님과 함께 외곽선을 그리자 독특한 모습이 나왔다. 사람이 아닌 것 같은 독특한 실루엣이 나온 것이다. 아이들은 이런 과정 자체를 흥미로워한다. 매번 큰 대(大)자로 서 있는 캐릭터를 그리다 역동적인 자세를 그리자 더 많은 자극을 받는다. 실루엣 그리기를 통해 알게 된 사실은 아이들은 비례만 어느 정도 맞아도 자신의 그림에 충분히 만족한다는 것이다. 자신이 직접 그린 어설프게나마 비례가 맞는 그림을 좋아한다. 직접 그렸다는 경험에 더 큰 가치를 두는 것이다. 이제 '아이가 너무 완벽한 그림을 원해요'라는 고민이나 '화려하게 그려주지 못해' 걱정하는 일은 접어두자. 아이는 함께 졸라맨 이야기를 그리며 낄낄대는 경험을 더 원한다. 완벽하게 그리는 것보다 '그럴싸하게' 그리는 법을 알려주자. 아이들은 솔직하다. 자신이 무엇을 할 수 있고 못하는지 잘 알고 있다. 아이가 원하는 것은 함께 즐겁게 그리는 것과 그림의 '그럴싸함'이다.

남자아이들은 왜 계속 놀려고만 할까?

"집에서 아무리 놀아줘도 끝나질 않아요. 남편은 늦게 들어오고, 저는 완전히 지쳐버려요."

"태권도에 수영을 해도 밤새도록 뛰어놀아요. 대체 어디서 그런 에너지가 나오는 걸까요?"

"아래층에서 몇 번이나 조용히 해달라고 올라와요. 너무 화가 나서 가끔 아이에게 소리 질러요."

교실에서 뛰어노는 아이들을 보면 아이들 가슴에 원자력 발전소가 있는 건 아닌지 의심이 들 때가 있다. 마치 지금 놀지 않으면 목숨이 위험하다는 협박을 받은 것처럼 아이들은 뛰어논다. 아이들의 상상력이 덧입혀져 빗자루는 무적의 칼이 되고 쓰레받기는 방패가 된다. 의자는 2차 세계대전의 병사들이 숨을 수 있는 방공호나 성벽이 된다. 책상 아래는 좀비의 공격으로부터 살아남을 수 있는 비밀기지가 되기도 한다. 이런 아이들을 보며 이런 생각이 들었다.

'아이들은 아마 전쟁터에서도 놀지 않을까?'

허핑턴 포스트 코리아(Huffington Post Korea)는 '전쟁의 잔해에서 놀이하는 아이들'이라는 제목으로 전쟁 중임에도 불구하고 노는 아이들의 사진을 게재했다. 아이들은 버려진 탱크를 놀이터 삼아 무너진 잔해에서 숨바꼭질을 하고 있었다. 여자아이는 방독면까지 쓴 채 고무줄놀이를 한다. 전쟁의 잔해를 복구하는 데 온 힘을 다하는 모습과 아이들도 온 힘을 다해 노는 모습이 뭔가 비슷하다. 대체 아이들은 왜 이렇게 노는 것일까? 그 와중에 한 장의 사진이 눈에 들어왔다.

1940년 6월 10일. 날짜가 찍힌 흑백사진 한 장에는 여자아이들이 간호사 복장으로 꾸민 뒤에 아기 인형을 구급대로 옮기는 놀이를 하고 있다. 주변에는 공습으로 인해 완전히 무너진 건물의 잔해가 있고 아이들은 구급대원으로 변장해서 놀고 있다. 버려진 앞치마와 적십자 마크가 새겨져 있는 머리띠를 두르고 응급환자를 옮긴다. 응급환자는 평소에 여자아이가 보물처럼 다루는 아기 인형이다. 어설프게 두 개의 막대에 흰 천을 둘러 만든 구급대에 아이들은 아기 환자를 옮기고 있다. 사진에 기록돼있진 않지만, 소리까지 들을 수 있다면 아마도 그 시대 구조대원들이 병원에서 사용했던 용어를 그대로 쓰지 않았을까 싶다. 비록 아이들이 누군가를 진짜로 살려낼 순 없지만 적어도 자신이 아끼는 아기 인형은 잘 보호하면서 만족할 것이다. 이 사진에서 아이들은 놀이를 통해 어른들의 세계를 그대로 흉내 내는 것을 알 수 있다. 심지어 전쟁터 한가운데에서도 아이들은 끊임없이 어른들의 세계를 흉내 내는 놀이를 한다.

아이는 놀이를 통해 세상을 본다
가장 효과적인 학습 전략을 짜는 방법

영화 〈매트릭스〉에서는 기계와의 전쟁에서 진 인간이 기계를 움직이기 위한 배터리로 전락하고 컴퓨터 속에서 시뮬레이션된 세상을 살아간다. 하지만 컴퓨터도 완벽하진 않아 여러 번의 실패 끝에 매트릭스를 완성한다. 이 과정에서 컴퓨터는 직접 인간이 되기도 하고 신과 같은 입장에서 다양한 세계를 시뮬레이션한다. 그 결과 쾌락과 고통이 적절히 배합된 세계여야 인간들이 진짜 세상으로 받아들인다는 사실을 알아낸다. 비단 영화 속 컴퓨터뿐만 아니라 아이들도 역할놀이를 통해 어른들의 세상을 조심스럽게 시뮬레이션한다. 때로는 가장 기본적인 역할놀이를 통해 엄마 아빠 흉내를 내보기도 하고 영화에서 본 전쟁과도 같은 극적인 상황을 시뮬레이션해보기도 한다.

EBS 다큐프라임 〈놀이의 반란〉에서도 놀이는 아이들이 세상을 탐색하는 가장 효과적인 방법이라 분석했다. 특히 어른들의 세계는 아이에게 가장 큰 호기심의 대상이다. 아이들은 흔히 부모의 역할놀이를 통해 서로 대화를 하고 갈등을 시뮬레이션한다. 항상 늦게 들어와 엄마의 핀잔에 쩔쩔매며 변명하거나 화를 내는 아빠, 말리는 시어머니 등 다양한 역할들을 실험해보며 감정과 행동을 체험한다.

전쟁놀이를 하는 아이들을 보자. 남자아이들은 놀이터에서 영화로 봤던 전쟁을 직접 시뮬레이션한다. 자신이 직접 리얼하게 죽거나 영화 속 주인공처럼 총을 쏘면서 간접적으로나마 체험해보는 것이다. 겉으로 보면 단순한 따라 하기일 수도 있지만 아이들은 가장 안전한 방법으로 가장 위험한 상황을 다뤄보고 있다. 이와 같이 놀이는 아이가 상황을 다룰 수 있는 가장 안정적이고 효과적인 도구다.

잘 노는 아이가 말도 잘하고 친구가 많다
놀이에서 타인과 함께 어울려 살아가는 법을 배운다

말 잘하는 사람이 그렇지 못한 사람보다 승진도 빠르고 친구도 많다. 사회생활을 하다 보면 말 한마디 때문에 호미로 막을 걸 가래로 막거나 반대로 천 냥 빚을 갚는 경우가 있다.

표현능력이나 대화 능력이 부족한 아이에게 놀이는 하나의 언어다. 놀이 안에서 사회성을 배우고 발전시킨다. 놀이를 통해 서로 생각을 교환하고 관계를 맺는다. 구사할 수 있는 단어 수가 적어, 대화로는 모든 의사소통을 하기 힘들기 때문이다. 자신의 장난감 칼을 친구에게 휘둘렀을 때 친구가 리얼하게 쓰러진다면 그것은 둘이 친구가 됐음을 의미한다. 만약에 피하거나 도망간다면 다른 대화 주제를 원한다는 의미다. 여기서 계속해서 칼을 휘두른다면 일방적인 대화를 하는 것과 같다. 그런 아이는 친구가 적을 수밖에 없다.

"우리 아들은 너무 심하게 놀아서 친구들이 부담스러워해요."

어머니는 아들의 에너지가 높아서 옆 친구가 부담스러워한다고 하지만 실상은 아이의 사회성이 부족한 경우가 많다. 놀이는 아이들 사이에서 서로 친구가 되는 언어다. 상대방이 놀이를 부담스러워하면 사회성이 높은 아이는 바로 다른 놀이로 바꾼다. 이런 아이는 친구가 많다. 실제로 수업할 때도 붙임성 좋고 다른 친구 에너지 맞춰 잘 노는 아이들이 있다. 친구가 자동차를 좋아하면 자신은 길을 만들거나 상자로 장애물을 만들어 친구를 놀이에 초대한다. 이런 아이는 유치원에서도 친구가 끊이지 않는다. 반대로 공감대가 부족한 아이는 자신에게 유리한 규칙을 만들어 놀려고 한다. 하지만 아무도 공감해주지 않아 결국 혼자가 된다. 이런 아이에게는 상대방과 함께할 수 있는 놀이를 알려줘야 한다. 가끔은 어른이 봐도 '이 애는 리더의 기질이 있구나' 싶은 아이가 있다. 약자를 배려하는 아이이다. 아이들이 '약자'나 '배려'를 어떻게 알겠는가 생각할 수도 있지만, 놀이를 보면 바로 알 수 있다. 바로 '깍두기'에 대한 배려다.

나는 총싸움이나 팽이치기는 좋아했지만, 공놀이를 별로 좋아하지 않았다. 어릴 적 고도비만이었던 탓이다. 하지만 친구들과 함께하고 싶은 마음은 강했다. 보통 친구들은 내가 축구는 하고 싶지 않다고 하면 "그럼 용석이는 딴 거 하고 놀아"라고 말한다. 그때 "그런 게 어디 있어? 용석아, 너 깍두기 해라. 안 뛰어도 괜찮으니까 그냥 같이하자"라거나 또는 "용석이가 빠지면 어떡해? 차라리 축구 말고 술래잡기하자"라고 하면서 어떻게든 같이하려는 친구가 있었다. 그 아이 주위에는 친구들이 끊이지 않았다. 무엇보다 다양한 성향의 아이들과 친해지는 법을 알고 있었다. 피구나 축구, 발야구 같은 운동뿐만 아니라 술래잡기, 비석치기 등 다양한 놀이를 알고 있었다. 그 친구와 함께라면 어느 상황에서도 심심해지는 법이 없었다. 지금 생각해보면 사회적 약자에 대한 배려를 이미 터득한 것이 아닐까 생각한다. 이는 높은 공감대를 필요로 하기 때문이다.

노는 것을 막기보다 다양하게 노는 법을 알려줘야 한다
놀면 놀수록 아들은 성장한다

잘 노는 아이가 세상을 좀 더 잘 파악하고 친구들도 잘 사귄다. 어른들은 노는 것 자체가 시간이 남아돌기 때문에, 그저 어리기 때문에 하는 활동이라 생각하기 쉽다. 하지만 노는 것 자체가 아이들의 삶의 커리큘럼이자 매뉴얼이다. 한 학교에서 쉬는 시간마다 아이들이 자유롭게 나가 놀 수 있도록 교문을 개방하자, 주변을 어슬렁거리다 돌아온 아이들의 행동과 태도가 크게 달라졌다. 수업에 더 집중했으며, 집단 괴롭힘도 크게 줄었다. 잘못된 행동을 하는 아이들을 일정 시간 격리하던 독방도 쓸모가 없어졌으며, 쉬는 시간에 아이들을 감독하는 선생의 수도 절반으로 줄일 수 있었다고 한다. 이제 노는 것을 막거나 가만히 있게 하지 말고 조용한 환경에서 노는 법, 탁 트인 곳에서 노는 법, 친구뿐만 아니라 동생과 노는 법 등을 알려줘야 한다. 놀이는 단지 시끄럽게 에너지를 발산하는 것이 아니라 사회성을 기를 수 있는 훌륭한 도구기 때문이다.

PART. 3

아들의 역습!
아들에게서
발견한 용기

제멋대로인 모습에서 발견한 용기

항상 제멋대로이고 자기만의 세계에 빠져있으며 주도성이 너무 강해 고집불통인 우리 아들! 한편으로는 제멋에 사는 삶이 부러워 보일 때가 있다. 가만히 관찰하다 보면 아들에게서 발견한 모습을 통해 우리도 세상을 당당하게 사는 법을 배울 수 있다. 하지만 대부분 어머니는 이런 아들의 모습을 부담스러워한다.

"선생님, 우리 아들을 너무 즐겁게 해주지 말아주세요. 아무도 못 말리거든요."

가끔 이렇게 부정적인 단어 앞에 쓰이는 '너무'와 긍정의 '즐겁게'가 합쳐진 미묘한 느낌의 부탁을 받을 때가 있다. '너무 즐겁게 해주지 말아주세요'라든가 '너무 행복하게 해주면 안 돼요'라는 묘하게 아이러니한 말을 들을 때마다 고개를 갸우뚱하기도 했다. 하지만 수업을 하면서 어머니의 부탁이 이해되기 시작했다.

제멋대로 모습에서 발견한 용기

남자아이의 커리큘럼은 교실을 혼돈으로 만드는 것

"은현아. 선생님 의자에 절대로 물감 묻히면 안 돼요!"

수없이 말해도 기어코 의자나 책상에 물감을 묻히고 마는 은현이. 나중에 물어보면 그냥 궁금했다고 한다. 이때 옆에 있던 은현이의 형은 한숨을 푹 쉰다. 형제를 가르치다 보면 형은 어느 정도 자기 에너지를 절제할 줄 알지만, 동생은 자유분방하고 규칙에 덜 얽매여있는 경우가 많다. 막내였던 나로서도 어린 시절을 기억해보면 형보다는 간섭이 덜한 편이었다. 그 때문인지 어릴 적에 형에게 "함부로 행동하지 좀 마!"라고 혼난 기억이 많다. 은현이를 보면 어릴 적 내 모습과 겹쳐 보이며 '왜 이렇게 제멋대로일까'라는 한숨이 절로 나온다. 하지만 은현이는 수업 때 종종 남들과는 다른 모습으로 나를 놀래켰다.

은현이에게는 선생님이 준비한 주제나 만들기 샘플은 효과가 없다. 교실에 들어오면 먼저 아이들과 부딪히는 일부터 한다. 다른 아이의 작품을 보고 자신만의 평가를 내리거나 장난으로 몸을 부딪치는 등 다양한 행동을 통해 아이들의 관심을 끌었다. 처음에는 '앤 뭐지?'라고 생각하던 아이도 은현이의 독특한 행동과 실험정신에 점점 관심을 갖게 된다. 그러다 보면 교실은 점차 혼돈으로 물들어간다. 예를 들어 "선생님, 오늘은 마술 실험을 할 거에요"라고 하면서 커다란 플라스틱 통(이것도 집에서 가지고 왔다)에 물감을 하나씩 섞기 시작한다. 그리고 섞이는 과정을 끊임없이 자신만의 언어로 말하기 시작했다. "노란색은 무시무시한 괴물의 색깔이에요. 이제 여기에 파란색 얼음을 섞어 볼게요"라고 말하며 파란 물감을 죽 짜서 섞어본다. 선생님의 "물감을 색칠할 때 쓰는거야"라든가 "막 섞으면 그냥 검은색이 될 거야"라는 목소리는 아이의 귀에 들어가지 않는다. 교실은 거대한 무대이자 자신은 선생님을 비롯한 친구들 앞에 선 배우일 뿐이다. 신기하게도 이런 은현이 곁에는 항상 친구들이 모여든다.

한번은 종이를 여러 장 붙여서 보드게임 판을 그리기 시작했다. 은현이가 간단한 칸을 그리고 게임 설명을 하자 아이들은 하나둘 모이기 시작했다. 그리곤 주사위 숫자에 따른 벌칙을 직접 친구들과 정하면서 게임을 만들기 시작했다. 나중에는 그야말로 은현이와 친구들만의 '부루마블'이 완성됐다. 직접 만든 게임판에 직접 만든 주사위로 아이들은 낄낄거리며 게임을 즐겼다. 한편으로 선생님의 입장에서는 어머니께 죄송했다. 항상 수업의 결과물이 색을 섞어서 이미 거무죽죽해진 물감이 들어있는 물통, 친구들과 싸우느라 너덜거리는 칼, 게임판 등 사실상 집에 가져가봤자 쓰레기가 되는 것들이었다. 어느 날 어머니께 이렇게 말씀드렸다.

"어머니, 은현이는 자유분방하고 가끔씩은 깜짝 놀랄 창의성을 보여줍니다. 하지만 창의성은 집에 가져가거나 남에게 자랑할 수 있는 결과물로 안 나타날 수 있습니다. 만약에 결과물이 없어도 된다고 허락하시면 은현이가 교실에서 최대한 자유롭게 미술을 할 수 있도록 하겠습니다."

결과에 대한 부담이 없을 때 창의력은 싹트기 시작한다
부모에게는 아들을 그대로 놔둘 수 있는 용기가 필요하다

다행히 어머니는 흔쾌히 허락하셨다. 그 뒤로 은현이는 선생님과 함께 음악을 크게 틀어 놓고 음악의 색을 그려보는 실험을 하거나 박자에 맞춰 연주할 수 있는 악기를 만들기도 했다. 무엇보다 결과물에 대한 부담이 없어지자 주변의 모든 것들이 은현이의 미술 재료가 됐다. 한 번 쓰면 사라지고 마는 재료들(물감, 옥수수 완충재, 마구 짠 글루건 덩어리들) 모두 작품의 재료가 됐다. 옥수수 완충재로 사람을 만들고 물에 빠뜨리면 자연스럽게 녹아내렸다. 그럴 때 옆에서 나는 녹아버리는 좀비의 비명을 흉내 내면서 은현이가 더 많은 사람이나 괴물을 만들게 했다. 찬물 속에 글루건을 짜기 시작하면 투명한 물뱀이 만들어진다. 그런 물뱀과 옥수수 인간이 싸우면 물뱀이 이긴다. 이런 이야기 과정에서 주변 아이들도 모여들어 함께 스토리를 진행한다. 수업에 이전과 다른 활기가 넘친다.

항상 수업하다 보면 나도 모르게 결과를 생각하며 부담을 갖는 버릇이 있었다. 어머니에게도 이 정도의 결과물을 보여드려야 만족하시지 않을까 하는 압박감이 있었던 것이다. 그러다 보니 아이들에게 어느 정도 멋진 작품을 만들도록 권유하곤 했다. 하지만 상담을 하면서 아이들이 가장 힘들어하는 것이 '결과물에 대한 압박'이라는 것을 알게 되고, 은현이와 함께하면서 부담을 떨쳐버릴 수 있었다. 선생으로서는 좋든 싫든 아이들을 가르치다 보면 결과에 대한 부담이 있기 마련이다. 의도한 대로 아이가 새로운 시도를 하고 멋진 그림이나 작품이 나오면 그것만큼 멋진 일도 없다. 하지만 내 의도대로 움직이는 아이들은 거의 없다. 모두 자기가 하고 싶은 대로 하며 선생님의 교육철학은 저 멀리 안드로메다로 보내버린다.

이때 우리는 두 가지 길 앞에 서게 된다. 내 뜻을 계속 몰아붙일지, 아이가 원하는 방향으로 함께할지 선택을 해야 한다. 대부분은 전자를 선택한다. 아이의 창의력과 배움은 내 능력에 따라 좌우된다고 생각하기 때문이다. 하지만 강요하고 압박하다 보면 결국 아이 것이 아닌 선생님의 결과물이 나오게 된다. 이럴 땐 선생님이나 부모님, 아이들 모두 허무함을 느낀다. 이때 필요한 것은 아이를 있는 그대로 봐줄 수 있는 용기다. 선생님은 자신의 의도보다 아이의 의도대로 배울 수 있도록 지원해야 하고 어머니는 그런 아이를 그대로 받아줄 수 있는 용기가 필요하다. 아이들은 자신이 원하는 일을 할 때 창의성을 발휘하기 때문이다.

제멋대로는 독립심의 표현이다

아들이 자발적으로 세상을 알아가는 방법

SBS의 '미운 우리 새끼-다시 쓰는 육아일기'는 독신으로 사는 남자 연예인의 일상을 출연자 어머니들의 입장에서 보는 예능 프로그램이다. 한번은 출연자인 김건모가 자신의 조카를 즐겁게 해주려고 바닥에 이불을 깔아주는 장면이 나왔다. 이 장면을 보고 있던 차태현은 불안감을 감추지 못하며 한마디 한다.

"큰일 났다. 저거 재밌는데."

차태현의 '큰일 났다'는 무슨 표현일까? 한번 조카를 즐겁게 해주면 지칠 때까지 해줘야 한다는 걱정의 표현일 것이다. 결국 김건모는 조카를 이불 위에 태우고 아이가 만족할 때까지 거실에서 썰매를 태워줘야 했다. 이 장면을 보면서 상담을 하며 들었던 어머니들의 외침이 생각났다.

"우리 아들을 너무 즐겁게 하지 말아주세요. 관리가 안 돼요."

"우리 아들은 너무 놀아주면 우리가 피곤해져요. 적당해 해주세요."

"적당히만 놀아주세요."

어머니는 아들을 통제하길 원한다. 특히 아들의 넘치는 에너지는 때로 두려움과 짜증을 유발하며 큰소리를 지르게 한다. 하지만 아들은 잠시만 조용해질 뿐 다시 떠들고 뛰어다니기 마련이다. 아들에게 자발적, 제멋대로는 독립심의 표현이다. 세상을 자신의 것이 됐다고 생각할 때 아들은 공간 안에서 다양한 시도를 하고 자발적으로 배워나가기 시작한다. 그전까지는 저항의 신호로 도망치거나 못 들은 척하기도 한다. 아들의 자발적 배움을 위해서는 최소한의 규칙만을 지키도록 하는 것이 중요하다. 어떤 어머니는 옴짝달싹 못 할 규칙을 만들곤 한다. 깨끗한 집안 환경이나 이제 막 태어난 동생을 위해서 아들에게 수많은 규칙을 통보한다. 하지만 규칙이 많을수록 반항심과 스트레스는 커지기만 할 뿐이다.

우리의 삶을 비옥하게 해주는 조건들
일상을 새롭게 만들고 나만의 삶을 사는 방법들

앞서 말한 아이들을 보며 삶을 풍성하게 만들어주는 조건을 알 수 있었다. 첫 번째는 자신이 진심으로 즐겁고 행복해야 주변도 행복해지는 것이다. 은현이의 경우 처음부터 미술에 대한 고정관념이 없었다. 미술은 그저 즐거운 것, 내가 하고 싶은 대로 하는 것이라는 생각을 갖고 접근했다. 은현이의 즐거움은 은현이에게만 머물지 않고 주변으로 퍼져나갔다. 곧 색칠이나 물감에 대해 거부감을 갖고 있는 아이들도 호기심을 갖고 모이기 시작했다. 은현이가 다양한 색을 섞는 동안 다른 아이들은 무슨 색이 나올지 침을 삼키며 바라보고 있다. 이렇게 주변에 즐거운 사람이 있으면 분위기가 달라진다. 모임에서도 즐겁고 재치 있는 행동을 하는 이의 주변에는 항상 사람들이 모여있다. 그 사람의 에너지가 자연스럽게 주변인도 즐겁게 해주기 때문이다. 자신이 먼저 즐겨야 남도 즐거워한다.

두 번째로 결과에 연연해하지 않는 삶이다. 아이들은 정해진 길이 없을 때 더 많은 창의성을 발휘한다. 어머니 또한 아이가 무엇을 가져오든 상관하지 않을 때부터 과도한 기대를 버리고 아이를 있는 모습 그대로 바라볼 수 있다. 우리도 삶에서 정답을 내려놓도록 해보자. 자존감을 낮추라는 의미가 아니라 스스로 '이렇게 살아야 한다'는 생각을 시간을 가져보자는 의미다. 어쩌면 자신을 가장 불행하게 하는 것은 다름 아닌 '이렇게 살아야만 해'라고 외치는 나 자신일 수도 있다.

마지막으로 독립적인 삶이다. 누구에게도 의존하지 않고 스스로 살아가는 삶의 자세만이 자유로운 삶을 보장한다. 아무리 집안 환경이나 직업이 좋다 한들 자유롭지 못하다면 그 삶은 기쁨보다 답답함이 더 클 것이다.

교실에서 많은 아이가 선생님의 손을 뿌리친다. 자신의 작품이 아니게 될 수 있다는 두려움 때문이다. 자신이 온전히 이뤄낸 일이어야만 기쁨과 성취감을 느낄 수 있다.

한 가지에 몰입하며 자기 자신을 만나다

한 가지에 몰입할 수 있다는 것은 큰 축복이자 자신이 좋아하는 것을 명확히 알고 있다는 방증이다. 사회생활을 하다 보면 자신의 취미나 감정을 숨겨야 할 때가 있다. 다른 사람들과 마찰 없이 지내기 위해서다. 심리학자 칼 구스타프 융(Carl Gustav Jung)은 페르소나라는 단어로 이를 설명했다. 성인은 수없이 많은 페르소나를 가지고 적절한 관계를 이뤄나간다. 그런 와중에 딴 사람에게 잘 보이기 위해 쓴 가면이 진정한 자신이라고 착각하는 경우가 생긴다. 어쩌면 가면 속에 감춰진 진짜 나의 모습을 잊어버린 것일지도 모른다.

진짜 내 모습을 찾기 위해서는 자신이 무엇을 좋아하는지 알아야 한다. 거창한 꿈이나 남에게 멋있어 보이는 취미가 아닌 사소한 자신의 것을 찾아야 한다. 어떤 음악을 좋아하는지, 어떤 색을 좋아하는지, 무엇을 할 때 행복한지 하나씩 적어보자. 남녀노소를 누구나 자신이 어떤 사람인지, 어떻게 살아야 행복한지 고민한다. 어떤 진로를 선택해야 행복할지 고민하는 학생, 직장인도 많다. 이때 필요한 건 '내가 무엇을 할 때 행복한가'에 대한 답이다. 자신을 모르면 절대로 행복해질 수 없다.

이 답은 아이러니하게도 우리 아이들에게서 찾아볼 수 있다.

순수하게 놀이에 열중하는 모습, 자신이 좋아하는 캐릭터나 공룡에 열광하는 모습 속에서 우리는 잃어버린 진짜 나의 모습을 되돌아볼 수 있다.

오직 버스만 좋아하는 형진이

버스, 무기, 공룡 등 좋아하는 것에 푹 빠진 아들

"버스 바퀴를 보려고 도로에 뛰쳐나간 적도 있어요."

어머니는 형진이가 얼마나 버스와 자동차를 좋아하는지 이야기하며 어떻게 하면 좋을지 고민하고 있었다. 항상 버스만을 그리는 아이였고 어느 날은 종이를 잘라서 어설프게나마 버스 모형도 만들었다. 실제로 수업을 해보면 아이는 버스 외에 다른 것에는 관심이 없었다. 공룡이나 로봇, 최근 유행하는 애니메이션도 거의 모르고 있었다. 대신 버스와 관련된 것에는 풍부한 지식을 자랑했다. 버스를 그릴 때는 형태와 묘사가 정확했다. 버스에 쓰인 번호부터 시작해 문 옆에 있는 실린더, 심지어 광고 문구까지 그대로 적어서 보여줬다.

상담이 끝난 후 본격적으로 수업을 진행했다. 첫 주에는 마을버스, 그다음은 광역버스, 다음에는 버스 차고지 등 버스와 관련된 수업만을 진행했다. 한번은 버스 정류장을 만들었는데 디테일이 놀라웠다. 정류장 모니터에 있는 몇 분 뒤 도착한다고 적힌 안내판을 비롯해 노선도까지 그려냈다. 수업 태도 또한 남달랐다. 버스를 만드는 것이 세상에서 제일 중요하다는 믿음을 갖고 있는 듯했다. 선생님이 놀자고 유혹해도 형진이는 "싫어요. 지금 버스 만들어야 해요"라며 오직 자신의 작품에 집중했다.

사실 작품의 완성도를 두고 보면 다른 친구들에 비해 낮은 편이었다. 폼보드에 대충 길이를 재서 자른 버스 형태의 상자는 서로 모서리가 맞지 않았다. 자로 재서 만드는 것이 아니라 그때그때 필요한 형태를 칼로 거칠게 잘라 만들었다. 형태를 만든 후에는 네임펜으로 형진이만의 집요한 작업이 시작된다. 버스에 있는 모든 정보를 기억나는 대로 적는 것이다. 이런 식으로 형진이는 버스 시리즈를 만들었다. 이 작품이 전시회에 출품됐을 때 사람들은 형진이의 버스를 보는 데 많은 시간을 투자했다. 거칠게 보이는 작품 하나하나에 형진이가 얼마나 버스를 사랑하는지가 보였기 때문이다.

태현이는 무기를 정말로 좋아한다. 항상 처음 들어보는 총 종류를 알아온다. 오랜 시간 지치지 않고서 집중하며 총을 만든다. 부품이 부족하면 재료까지 만들어내는 개척자 정신을 매 수업에서 보여줬다. 한번은 소총의 장전하는 부분을 그대로 만들고 싶어 했다. 하지만 재료가 없자 직접 제작했다. 전선을 덮어주는 폴대의 레일 부분을 발견한 것이다. 결국 학원의 동의를 얻어 전선에서 폴대를 벗겨낸 후 자신이 원하는 방식으로 장전하는 총을 만들 수 있었다. 리볼버의 탄창도 직접 지관에 빨대를 넣고 만들어 실제 총과 비슷한 움직임을 만들어냈다. 선생님조차 어떻게 표현해야 할지 쩔쩔매는 사이 태현이는 교실을 뛰어다니며 어떻게든 작품에 필요한 재료를 찾아낸다.

이런 아이를 수업하며 많이 볼 수 있었다. 공룡을 좋아하는 아이, 로봇을 좋아하는 아이 등 남자아이들은 한 가지 주제에 깊이 빠지는 경향이 있다. 이들에게는 몇 가지 공통점이 있다.

첫째, 아이들에게는 명확한 목표가 있다.
몰입의 기본은 목표설정이다

형진이는 버스에 대한 열정이 누구보다도 강했다. 학원에서 버스와 관련된 주제는 모조리 만들고야 말겠다는 강력한 목표가 있었다. 보통 수업을 시작하면 선생님과 몸싸움을 하며 에너지를 푸는 시간을 가진다. 형진이는 이미 수업 시작하기 5분 전에 들어와 자신이 쓸 재료와 도구들을 준비해놓는다. 명확한 목표가 있으면 불필요한 행동도 하지 않는다. 칙센트미하이의 《창조의 즐거움》을 보면 몰입(Flow)의 기본은 명확한 목표다. 목표가 분명한 아이들은 집중력도 높다. 이는 성인도 마찬가지다. 한 조사에 따르면 과반수의 직장인은 스마트폰의 알람기능과 SNS 때문에 업무에 몰입하기 힘든 상황이라고 한다. 제대로 몰입하려면 스마트폰을 내려놓거나 한 번에 한 가지 일만 해야 한다.

둘째, 아이들은 반복한다
반복을 통해 큰일을 해낼 수 있다

아이들은 자신이 좋아하는 주제를 반복해서 만들고 그린다. 형진이의 경우 마을버스부터 시작해서 광역버스, 관광버스, 2층버스 등 다양한 종류의 버스를 만들었다. 우주선을 좋아하는 아이도 간단하게 시작해서 나중에는 복잡한 형태로 발전시키곤 했다.

아이들은 반복을 통해서 새로운 도전에 대한 부담을 줄인다. 처음부터 거대하게 만들지 않는다. 먼저 자신이 잘할 수 있는 방법을 터득하기 위해 반복한다. 반복은 겉으로 보기에 단순하고 지루해 보일 수 있다. 《아주 작은 반복의 힘》의 저자이자 임상심리학자인 로버트 마우어는 "큰일을 해내는 유일한 방법은 아주 작은 일의 반복이다"라고 주장한다. 작은 반복은 큰일에 대한 두려움을 이겨낼 수 있도록 도와준다.

셋째, 아이들은 지금 이 세상에서 가장 중요한 일을 하고 있다

자기 확신을 통해 일에 대한 자신감을 가진다

작품 만들기나 그리기에 빠져있는 아이들은 자신의 일이 세상에서 가장 중요한 일이라고 생각한다. 특히 한 가지 주제에 푹 빠져있는 아이는 선생님의 질문에 대답하지 않는다. 무시하는 것이 아니라 자기가 하고 있는 일이 우선이기 때문이다. 나중에서야 "뭐라고 하셨어요?"라고 대답한다. 이런 아이들을 보고 있으면 내면에 강한 믿음과 확신을 느낄 수 있다. 내면의 동기는 부모님의 칭찬이나 친구들의 부러움이 아니다. 자신이 하는 일에 대한 확신이다.

넷째, 아이들은 거리낌 없이 베낀다
자기만의 작품을 만들기 위한 과정

《모방의 힘》의 저자 김남국 박사는 베끼는 것에도 유형이 있다고 한다. 그중 하나가 기존에 있는 것을 그대로 베끼는 것이다. 초보자가 단시간에 실력을 쌓기에 최고의 방법이다. 아이들은 선생님이나 더 잘 만든 친구의 작품을 보고 그대로 만든다. 처음에는 창의성을 해치는 것 같았으나 시간이 갈수록 아이들은 조금씩 변형시켜 자신의 것을 만들었다. 베끼기는 아이들이 스스로 실력을 다지기 위한 과정이다.

때로 어머니는 아이들의 모방에 반감을 가지기도 한다. 이럴 때마다 어머니에게 조금만 참아달라고 말씀드린다. 이 과정을 지나면 누구나 자기만의 작품을 만들기 때문이다.

남자아이에게 질문은 생존의 도구다

"어느 날 학교에서 전화가 왔어요. 우리 동준이가 미술 시간 내내 아무것도 그리지 않았다고 걱정돼서 전화했다고 하더라고요. 저는 놀라서 집으로 온 아이에게 물어봤죠. 그랬더니 아이가 너무나 당연하게 이야기하는 거예요."

"엄마, 대체 나무는 왜 그려야 하는 거야? 이유를 안 가르쳐줘서 가만히 있었어."

동준이뿐만 아니라 상담을 하다 보면 많은 남자아이가 미술 시간을 싫어하다 못해 두려워한다. 여자아이들은 방학 때 놀러 갔다 온 가족의 모습을 알록달록, 가족의 옷까지 자세히 그리는 데

비해 남자아이들은 시큰둥하다. 바닷가에서 잡은 게 모습이 좋다고 게만 그리거나 졸라맨 세 명을 그려놓는다. 물론 동그란 머리 옆에 대충 긴 선을 그어 놓은 것이 머리를 땋은 엄마다. 어떤 아이는 선생님에게 "대체 나무를 왜 그려야 해요?"라고 질문했다고 한다. 가뜩이나 못 그려서 속상한데 왜 선생님은 계속해서 원치 않는 것을 그리라고 하는지 이해가 가지 않는 것이다. 이때 아이가 할 수 있는 행동은 바로 질문이다.

화두를 던지는 아들 "왜 그림을 그려야 해요?"
부모는 아들의 화두에 답해줘야 한다

많은 사람이 모여 깊이 생각해볼 가치가 있는 이야기를 가리켜 '화두'라 한다. 지금 이 순간에도 수많은 아이가 "왜 그림을 그려야 해요?"라는 화두를 던진다.

단순한 질문이 아니라 무조건 그림을 그리라고 윽박지르는 어른들을 향한 항의 표현이기도 하다. 과거에는 학생이 선생님이나 어른, 또는 윗사람에게 질문하는 것을 생각지도 못했다. 그 당시 어른이나 윗사람의 지시는 당연히 해야 하는 것이었다. 질문을 하면 말대꾸하냐는 핀잔이나 건방지다는 소리를 들었다. 하지만 이제는 명확한 이유를 말해주지 않으면 아이들은 움직이지 않는다. 그렇기에 우리는 아이에게 대답을 해줘야 한다.

왜 그림을 그릴까?
최초의 화가는 살기 위해 그림을 그렸다

1940년, 프랑스 오리냐크 지역에서 아이들이 호기심을 가지고 한 동굴을 바라보고 있었다. 저 구멍을 통과하면 어떤 곳이 나올지 서로 내기를 한다. 이때 마르셀이라는 친구가 먼저 용감하게 동굴로 들어간다. 이에 질세라 다른 아이들도 따라 동굴 깊숙이 들어간다. 하지만 어두워서 아무것도 보이지 않는다. 한 아이가 자신이 가지고 있는 조명으로 동굴을 비춰본다. 순간 수많은 동물과 크로마뇽인이 자신을 바라보는 것을 발견한다.

흔히 '라스코 동굴벽화'로 알려진 인류 최초의 회화작품은 기원전 15,000~10,000년 사이에 그려진 것으로 추측된다. 동굴에는 5.5m에 달하는 큰 동물뿐만 아니라 100cm 내외에 다양한 동물이 1,500여 점 이상 묘사돼있다. 심지어 자신의 사인인 듯한 손자국까지 선명하게 새겨져 있다. 이는 더 많은 동물을 잡게 해달라는 기원의식일 가능성이 크다고 분석된다. 근거로 벽화의 동물 대부분은 사냥하기 쉬운 순한 초식동물이다. 쉽게 사냥할 수 있는 순록보다는 들소와 같은 잡기 힘든 큰 동물들이 주를 이룬다. 하우저(Hauser)는 《문학과 예술의 사회사》에서 "구석기 시대의 사냥꾼은 그림을 그림으로써 그려진 사물을 지배하는 힘을 얻는다고 믿었다"고 말한다. 당시 구석기인은 예술적인 측면에서 그림을 그린 것이 아니라, 살아남기 위한 방편으로 그린 것이다. 너무나 이유가 명확하고 처절해 보이지 않는가? 누군가가 점수를 매기기 위해서가 아니라 살아남기 위해 그림을 그린 것이다.

아들은 살아남기 위해 질문한다
질문에도 아들의 숨은 의도가 있다

갓 태어난 아이는 낯설고 위험해 보이는 것들 사이에서 살아간다. 처음에는 엄마, 아빠의 도움으로 세상을 파악하지만, 어느 순간 그들도 모든 것을 알지 못한다는 것을 깨닫는다. 그래서 부모님 외에 다른 어른과 친구를 만나면 세상이 어떤 곳인지 많은 질문을 하게 된다. 이 도구는 어떻게 사용해야 하는지 왜 장갑을 착용해야 하는지, 왜 이 재료를 사용해야 하는지 등 스스로 납득이 안 되면 무조건 물어본다.

한편 순수한 호기심이 아닌 다른 의도를 가진 질문을 하기도 한다. 선생님의 관심을 끌기 위해서 당연한 것을 물어보기도 하고 자신의 이야기를 들어줬으면 하는 바람으로 질문하기도 한다. 질문의 형태는 다양하지만 결국 모두 생존과 관련돼있다. 자신의 몸을 지키기 위해 도구 사용법을 질문하는 것뿐만 아니라 누구도 자신의 이야기를 들어주지 않아 너무나 답답해서 질문한다. 속상한 일이 있지만 쉽게 이야기할 수 없어서 끊임없이 사소한 질문들을 하며 한마디라도 더 대화하려고 한다. 그때는 반대로 내가 아이에게 질문해야 한다. 아이가 바라는 건 선생님의 대답이 아닌 관심이기 때문이다.

"오늘 학교에서 짜증 나는 일이 있었니?"
"혹시 그리는 거 힘들지 않아?"
"아무것도 안 하고 싶지는 않아?"

아이의 상태에 맞춘 질문들을 하다 보면 수많은 이야기를 쏟아낸다. 집에서 부모님께 혼난 일, 학교에서 친구와 싸운 일 등 속상한 일들을 말하면서 선생님이 온전히 들어주기를 바란다. 충분히 누군가 이야기를 들어주면 아이는 다시 작업에 집중한다. 아이들은 질문을 단순히 호기심 충족을 위한 도구로만 사용하지 않는다. 자신의 마음을 지키기 위해서도 질문을 이용한다.

언젠가 어두운 날을 대비해 아들은 질문한다

스스로 세상을 살아갈 때를 위해 끊임없이 질문해야 한다

앞서 아이들은 "왜 그림을 그려야 해요?"라는 화두를 던졌다. 그동안 아이는 수많은 어른에게 같은 화두를 던졌을 것이다. 대부분 학교에서 좋은 점수를 얻기 위해, 친구가 잘 그리니까 너도 잘 그려야 한다는 다소 받아들이기 힘든 대답을 얻었을 것이다. 그나

마 아이가 스트레스를 풀기 위해 그림을 그렸으면 좋겠다는 부모님의 대답은 나에게도 감사하다.

화두는 불교(선종)에서 수행의 한 방법으로 사용된다. 강신주 교수는 그의 저서 《매달린 절벽에서 손을 뗄 수 있는가》에서 화두란 '스승이 훅 불어 끈 촛불'을 말한다고 한다. 스승이 어두운 방에 촛불을 껐을 때 이미 깨달은 제자, 즉 자신의 촛불을 가진 제자는 문제가 되지 않는다. 그러나 스승에게만 의지하는 제자는 불이 꺼지면 어둠만이 남을 뿐이다. 그렇기에 아직 촛불이 꺼지지 않았을 때, 제자는 자신의 빛을 찾아내야 한다. 그래야 어둠이 찾아오더라도 살아남을 수 있기 때문이다. 아이도 이와 같다. 언젠가 자신에게 어둠이 닥칠 때 스스로 밝힐 힘을 얻기 위해 계속 질문하는 것이다.

타인과 깊은 관계를 맺기 위해서는 깊은 질문이 필요하다

질문을 통해 타인의 마음속에 들어간다

이제 질문이 아이들의 전유물이 아님을 깨달아야 한다. 어른도 살기 위해 질문을 해야 한다. 세상은 계속 발전하며 인공지능이 우리의 자리를 하나씩 대체하고 있다. 사람들도 점차 혼자 하는 일에 익숙해지고 있다. 혼밥, 혼술, 프리랜서 등이 트렌드가

되며 외로움과 우울증을 겪는 사람들이 늘고 있다. 이럴 때일수록 우리는 더 많은 사람과 대화하며 뭉쳐야 한다. 홀로 있는 세포는 곧 사멸하지만, 적극적으로 서로 신호를 교환하는 세포는 주변과 결합해서 새로운 에너지를 만들어낸다. 타인과 끊임없이 대화하고 교제하려면 깊은 질문이 필요하다. 단순히 '예, 아니오'의 닫힌 질문이 아닌 타인의 삶의 자세를 볼 수 있는 열린 질문이 필요하다. 우리가 질문을 통해 타인의 마음을 열 때, 우리도 삶의 에너지를 얻고 살아갈 수 있기 때문이다.

TIP

어른들에게 유용한 팁

서점가에는 매일 한 줄의 질문과 답을 적는 'Q&A' 시리즈가 많다. '지금 당장 전화 걸고 싶은 사람은?' '출퇴근에 걸리는 시간은?' 등 사소한 질문부터 '죽기 전 꼭 하고 싶은 말은?' '나에게 가장 소중한 사람은?' 등의 깊은 생각을 필요로 하는 질문도 있다. 매일 질문에 답하면 자신을 알아가는 데 큰 도움이 될 것이다. 성인뿐 아니라 아동이나 청소년 등 다양한 대상을 위한 책들도 많이 나와 있다.

삶의 화두를 깊이 생각할만한 여유가 없다는 이가 많다. 스스로에게 던지는 질문에 익숙지 않다면, 가벼운 책 한 권을 계기로 천천히 한 발짝씩 앞으로 나아가보는 것은 어떨까.

아들은 좋은 작품이 아니라 좋은 경험을 원한다

오늘도 자기가 만든 레이저 총, 칼을 가지고 선생님과 신나게 노는 아이들. 수업이 끝나면 마치 보물이라도 되는 양 집에 가져간다. 그 가운데는 작품을 학원에 보관해달라고 하는 아이들도 있다.

"선생님, 제 레이저 총 두고 갈게요."
"왜? 너한테 굉장히 소중한 총 아니야?"
"맞아요. 근데 집에 가져가도 쓸 일이 없어요."

학원에서는 강력한 무기, 집에서는 쓰레기
집에서 함께 놀 사람이 없다

"집에 놔두면 쌓아놓기만 해서 짐만 돼요. 그냥 맡아주세요."

"가지고 놀 사람이 없어서 아이가 나중에는 버리더라고요."

작품을 가져가지 않는 아이들이 늘어나고 있다. 자신이 만든 칼로 선생님과 땀을 흘려가며 싸운 아이들도 집에 갈 때는 칼을 가져가지 않는다. 집에는 함께 놀 사람이 없기 때문이다. 특히 남자아이는 종이에 있는 그림보다 자신이 직접 가지고 놀 수 있는 입체적인 작품을 원한다. 그 작품을 가지고 누군가와 함께 노는 것을 원한다. 집에 같이 놀 사람이 없다면 아이의 작품은 의미가 없다. 관객이 없는 연극과도 같다. 작품을 만든 의도는 즐거운 경험이다. 아이는 작품을 통해 친구나 아버지, 선생님과 함께 즐거운 대화를 나누기를 원한다.

아들에게서 발견한 '소유냐 존재냐'
과거도 미래도 아닌 오직 지금을 살아가는 자세

에리히 프롬은 그의 저서 《소유냐 존재냐》에서 사람은 소유하는 존재가 아닌 존재하는 인간으로 변해야 한다고 주장한다. 존재

양식에 대한 표현을 그대로 옮기자면, 자기를 새롭게 하는 것. 자기를 성장시키고 흐르게 하며 사랑하는 것. 고립된 자아의 감옥을 벗어나 타인에게 관심을 가지고 귀 기울이며 베푸는 것을 의미한다. 선생님이나 친구들과의 놀이나 작품 만들기에 흠뻑 빠진 아이들을 보면 그들은 무엇을 소유하길 원치 않는다. 비싼 장난감이나 한정판 카드도 필요 없다. 누군가와 온 힘을 다해 전쟁놀이를 하고 자신이 원하는 것을 만들 때 아이들에겐 과거도 미래도 존재하지 않는다. 오직 지금 이 순간 자체가 최고의 작품이 된다. 에리히 프롬은 존재양식을 받아들인 새로운 인간상을 제시했다. 아래에 몇 가지나 자신과 맞는지 체크해보자.

- ☐ 모든 형태의 소유를 기꺼이 포기할 마음가짐을 가진다.
- ☐ 나 자신 이외에는 그 누구도 그 어떤 사물도 나의 삶에 의미를 주지 않는다는 사실을 받아들인다.
- ☐ 베풀고 나누어 가지는 데에서 우러나는 기쁨을 누린다.
- ☐ 자연을 이해하고 자연과 협동하려고 노력한다.

아들의 '리액션'도 존재 양식의 하나다

상대방의 이야기를 온몸으로 듣고 있는가?

남자아이는 칼과 총으로 대화한다. 칼로 선생님이나 친구들을 공격하는 아이들은 때론 과격해 보이기도 한다. 총을 쏘며 노는 아이들을 보며 어머니는 '우리 애는 왜 이리 폭력적일까?' 걱정하기도 한다. 하지만 남자아이에게 칼로 누군가를 베는 것은 마치 '잘 있었어?'라고 말하는 것과 같다. 상대방이 리얼하게 쓰러진다면 '응! 잘 지냈어! 오랜만이야'라고 응답하는 것과 같다. 겉으로는 폭력적으로만 보이는 놀이 속에서 아이들은 비언어적인 의사소통을 즐긴다. 자신의 행동과 눈빛이 누군가의 변화를 이끌어낸다는 것에 큰 즐거움과 자부심을 느낀다. 이때 필요한 것은 '리액션'이다. '메라비언의 법칙'으로 유명한 심리학자인 앨버트 메라비언은 대화를 나눌 때 필요한 정보교환은 전체 대화의 7%에 불과하다고 했다. 나머지 93%는 그 사람의 몸짓, 외모, 목소리 등 비언어적인 요소가 차지한다. 아이들은 애초에 이 법칙을 몸으로 알고 있는 것 같다.

아이는 본능적으로 리액션을 통해 상대방과 얼마나 깊이 대화할 수 있는지 알고 있다. 어릴 적 반에서 누구나 인정하는 '똑똑박사'가 있었다. 많은 책을 읽고 아이들에게 자신이 얼마나 많이 알고 있는지 자랑하기 좋아했다. 처음에는 그 친구의 지식에 놀라움을 표현하며 아이들이 모여들지만 결국 반에서 가장 인기 있는 아이는 따로 있다. 아이들은 상대방의 이야기를 잘 들어주고 적절히 맞장구를 쳐주는 친구, 함께 놀면서 더 많은 대화를 하는 친구와 더 많은 이야기를 하고 싶어 한다. 즉, 리액션이 풍부한 친구에게 더 많은 아이가 몰려 관계를 맺길 원한다.

아이들의 리액션에는 존재를 향해 나아가는 사람의 특징이 보인다.

'소유적 인간'은 자기가 가진 것에 의존하는 반면, '존재적 인간'은 자신이 존재한다는 것, 자기가 살아있다는 것, 기탄없이 응답할 용기만 지니면 새로운 무엇이 탄생하리라는 사실에 자신을 맡긴다. 그는 자기가 가진 것을 고수하려고 전전긍긍하느라 거리끼는 일이 없기에 대화에 활기를 가지고 임한다.

보통 깊이 있는 대화라고 하면 조용한 곳에서 심각한 주제를 놓고 대화하는 것을 생각한다. 하지만 아이들은 사소한 일상에서도 얼마든지 서로에게 깊이 접근할 수 있다는 걸 보여준다. 상대방의 말이나 행동에 진심으로 귀담아듣고 있다는 것을 표정과 행동으로 보여준다. 굳이 '심각한' 주제가 아닌 별거 아닌 일에도 누가 더 크게 웃는지 경쟁한다. 자신이 남에게 어떻게 보일지 신경쓰지 않는다. 때론 친구가 가져온 작은 장난감을 보면서 감탄한다. 수업 중에 선생님을 상상 속의 괴물로 만들고 낄낄거리며 친구와 책상 아래 숨기도 한다. 누군가 "여기는 지금부터 폭풍우가 치는 바닷가야!"라고 소리 지르며 의자 위로 올라가면 다른 아이들도 따라서 의자 위로 올라가 노를 젓는다. 그 순간 아이들은 누구보다 생생하게 살아있다. 아이들의 즉각적인 리액션은 성인의 대화보다 훨씬 깊이 있어 보인다. 상대방의 즉흥적인 장난에 당황하지 않고 오히려 즐겁게 반응해주는 모습은 주변 사람을 신경 쓰는 어른보다 성숙해 보인다. 이런 아이들의 행동에는 어떤 내용이 숨어있을까? 아마도 이런 뜻일 것이다.

"너의 이야기, 지금 온몸으로 듣고 있어."

경험을 나누는 아이들에게서 존재 양식을 발견하다
학습효과가 배가되는 지름길

아이가 선생님 말을 가장 잘 들을 때는 언제일까? 먹을 것을 준다고 할 때? 멋진 재료를 준다고 할 때? 칭찬을 기대할 때? 정답은 자신이 아는 것을 누군가에게 가르쳐줄 때다.

"혹시 저 친구에게 가르쳐줄 수 있어?"라고 말하면 아이들은 세상에서 제일 진지해진다. 자신이 가지고 있는 지식을 누군가에게 전달할 때 아이들은 신중해지고 책임감이 강해진다. 이제 막 6살 된 아이도 친구에게 글루건 사용법을 알려줄 때면 진지한 표정으로 장갑을 친구 손에 끼워준다. 수업 때면 일부러 친구와 친구를 이렇게 연결해준다. 아이들이 서로 경험을 나눌 때 학습의 효과도 배가되기 때문이다. 자신의 지식이나 생각으로 누군가에게 작은 변화를 줄 수 있는 경험이 바로 존재의 양식이다.

다가오는 경험의 시대, 아들을 통해 배우자
물질적인 기쁨보다 경험에서 얻는 기쁨을 누려보자

세상은 점점 소유 시대에서 경험의 시대로 변해가고 있다. 음악의 경우 이제는 '음반'보다는 '음원'이라는 단어가 더 많이 쓰인다. 과거처럼 테이프나 CD를 사는 사람보다 스트리밍으로 듣는 사람이 훨씬 더 많아졌기 때문이다. 레고를 사는 것이 아니라 블록방에서 즐기는 아이들도 늘고 있다. 성인도 자신의 옷보다 게임 속 캐릭터 의상에 더 많은 돈을 쓰기도 한다. 현실보다 게임이 더 다양한 경험을 선사해주기 때문이다. 점차 소비의 비중이 실물이 아닌 무형의 세계로 넘어가고 있다. 그뿐 아니라 비싼 등록금을 내고 학교에 가야 들을 수 있었던 강의도 온라인 대중 공개 수업(MOOC, Massive Open Online Course)이라는 이름으로 제공되기 시작했다. 여기에는 하버드, MIT, 스탠포드 등 미국 유명 대학교들이 앞장서고 있다. 집에서 공짜로 유명 대학의 수업을 들을 수 있게 된 것이다.

머지않은 미래에는 소유보다 경험이 중요시되는 세상이 올 것이다. 미국의 한 사막에서는 전 세계의 기업가, 예술가들이 모여 축제를 연다. 축제의 하이라이트는 마지막 날인데, 중앙의 거대한 인물상을 불태움으로써 축제를 종료한다. 이른바 '버닝맨' 축제는 큰 기금을 들이지 않는다. 사람들은 오직 물물교환으로 생필품을 구매하며 모든 전시는 무료다. 소유가 아닌 경험에 초점을 맞췄기 때문에 가능한 일이다.

칼을 가져가지 않는 아이, 상대방의 말에 리액션하는 아이, 자신의 경험을 나누려 하는 아이 모두 물질적인 소유에서 기쁨을 얻지 않는다. 지금의 삶이 행복하지 않다면 아이들의 존재의 법칙, 무소유의 법칙을 배우는 것이 어떨까.

아이만큼이나 어른도
목숨 걸고 놀아야 한다

잘 노는 아이들이 말도 잘하고 친구도 잘 사귄다. 노는 과정에서 다양한 상황에 대처하는 법과 협동하는 법을 배우기 때문이다. 아이뿐 아니라 어른도 마찬가지다. 사회성이 높은 성인은 타인을 배려할 줄 알고 이해심이 높다. 그 사람이 얼마나 좋은 대학을 나왔고 풍족한 환경에서 자랐느냐에 달려있지 않다. 얼마나 많은 사람과 부딪히고 다듬어졌느냐가 중요하다. 하지만 현실적으로 모든 사람과 상황을 경험해볼 수는 없다. 과거 사람들도 이 같은 사실을 알고 있었다. 그래서 그들은 놀이를 택했다.

진짜로 목숨을 걸어야 했던 어른들의 놀이
놀이는 곧 생존이었다

드라마 〈징비록〉에는 도요토미 히데요시가 조선을 침략하기 위해 장군들과 조선의 지도를 펼쳐놓고 군사를 어떻게 배치할지 회의하는 장면이 나온다. 이때 작은 나무 기둥에 깃발을 꽂은 군사 모형 장난감을 가지고 작전을 짠다. 영화 〈황산벌〉에서도 의자왕과 장군들이 신라와 당나라의 침략에 대비해 보드게임 같은 것을 하는 장면이 나온다. 세계대전을 소재로 한 영화를 보면 심각한 표정으로 탱크와 비행기 모형을 이용해 병력을 어디로 침투시켜야 할지 고민하는 장면을 흔히 볼 수 있다. 이른바 워 게임(War game)으로 전쟁 전에 미리 작전을 짜고 상대편이 어떻게 대응할지 시뮬레이션해보는 과정이다. 오늘날에는 컴퓨터상에서 예측하지만, 과거에는 군인들, 배, 탱크 등의 무기를 미니어처(miniature)로 만들어 직접 서로 머리를 맞대어 게임을 했다. 지는 날에는 자신뿐만 아니라 사랑하는 가족까지 죽거나 포로가 될 수도 있으니 말 그대로 목숨을 걸고 게임을 하는 것이다. 이는 훗날 발전해서 보드게임의 형태로 즐기게 됐다.

고대 메소포타미아에서도 재미있는 물건이 발견됐다. 일명 '우르의 게임(The royal game of UR)'이라고 불리는 이 게임은 영국의 사학자 울리(Wolley) 경이 우루의 왕실묘지를 발굴하면서 세상에 나왔다. 이 게임이 중요한 이유는 훗날 전 세계 다른 고대

유적지에서도 이 게임을 기본으로 발전한 형태의 보드게임들이 발견됐기 때문이다. 정확한 용도는 아직도 수수께끼지만 천문학과 종교에 대한 지식을 전달하기 위해 만들어졌다고 추측한다.

아이들은 놀면서 주변 세계에 대한 통제력을 넓혀나간다.

–EBS 다큐 프라임 〈놀이의 반란〉–

주변 세계에 대한 통제력을 넓혀가는 것은 아이 때부터 시작된다. 놀이터에서 일어나는 수많은 놀이는 현실 세계의 축소판이다. 모래를 파서 물길을 만들고 두꺼비 집을 만드는 것은 도시계획의 초석이다. 전쟁놀이는 같은 편의 협동심과 리더십을 확인할 수 있는 기회다. 다양한 블록을 쌓는 것은 미래 건축가가 되기 위한 첫걸음이다. 이렇게 아이들은 작은 곳에서 시작해 더 넓은 곳에 영향을 끼치고 싶어 한다. 앞서 말한 워 게임뿐 아니라 우리는 삶의 수많은 예측을 놀이의 형태를 빌려서 진행한다. 증권회사에서는 모의 투자게임을 진행하면서 앞으로의 상황을 예측한다. 축구 경기장에서는 감독이 간략하게 표기된 전체 선수 배치도를 보며 경기를 예측한다. 중요한 PPT를 앞두고 있을 때 혼자 방에서 연습하는 모습은 마치 독백 연극을 보는 것 같다. 우리는 크고 작은 놀이 형태를 빌려 예측 불가능하고 무거운 삶을 견뎌내고 있는 것이다. 놀이를 통해 통제해야 하는 곳은 주변 국가나 전 세계의 경제처럼 거창한 것뿐만 아니라 우리 삶의 작은 부분도 포함된다. 예를 들어 아침 일찍 일어나고 싶다면 어떻게 해야 할까? 《미라클 모닝》의 저자 할 엘로드는 아침에 일찍 일어나기 위해서 신나게 일어났던 날들을 생각해보라고 한다. 크리스마스 아침이나 휴가의 첫날 등 자신만의 신났던 아침을 상상하는 것만으로 충분히 일찍 일어날 수 있다고 한다. 필자의 경우 바로 실험을 진행했다. 아침에 일어나면 해외여행을 가기 위해 공항으로 출발하는 생각을 했다. 신기하게도 마음먹었던 시간에 눈이 번뜩 뜨이는 경험을 했다. 이렇듯 놀이로 일상의 여러 부분들을 좀 더 즐겁게 극복할 수 있다.

위험에 노출된 놀이가 아이의 삶을 안전하게 해준다
세상은 결코 정형화되거나 안전한 온실이 아니다

아이들은 놀이터에서 생존하는 법과 인간관계를 배운다. 과거 놀 것이 부족했던 시절에 놀이터는 그야말로 주변 동네 아이들이 모이는 인맥 허브(HUB)와도 같았다. 심지어 각 놀이터마다 파가 나뉘어 파별로 놀 수 있는 놀이터가 따로 있었다. 지금은 위생 문제로 항의를 받았을 법한 모래로 가득 차 있었고 안전하고 정형화된 놀이기구는 적었다. 현재의 놀이터처럼 아이들이 안전하게 오르락내리락할 수 있는 장치도 없었다. 그저 쇠로 만들어진 2층 미끄럼틀과 '뺑뺑이'라고 불리는 회전 놀이기구 정도가 다였다.

《메시》의 저자 팀 하포드는 아이들에게 위험해 보이는 공간이 오히려 도움 된다고 한다. 부모들의 눈에는 '악몽의 카탈로그'로 보일 수도 있지만, 아이들은 더 재미있게 많은 사교적인 기술을 배우면서 부상당할 확률도 줄인다는 것이다. 이에 덧붙여, 세계적인 놀이터 설계자 헬레 네벨롱(Helle Nebelong)은 이렇게 말한다.

"높은 곳을 오르는 그물이나 사다리의 가로단 사이의 거리를 일정하게 맞춰놓으면 아이들은 자신의 발을 어디에 둘 것인지 신경 쓰지 않아도 됩니다. 표준화가 위험한 것은, 이처럼 놀이를 단순화할 뿐만 아니라 아이들에게 자신의 움직임에 신경 써야 할 이유를 없애버리기 때문입니다. 앞으로 살아가면서 마주쳐야 할 울퉁불퉁하고 비대칭적인 인생길에 어떠한 의미 있는 교훈도 주지 못합니다."

세상은 결코 정형화돼 있거나 안전한 온실이 아니다. 혹독해 보이는 바깥세상을 살아가기 위해서는 미리 놀면서 연습해보는 작업이 필요하다. 간단한 놀이든 승진이 걸린 중요한 발표이든 간에 우리는 놀면서 조금씩 자신의 영향력을 키워나가야 한다. 아이는 놀이를 하며 내 힘이 얼마나 되는지 파악한다. 자신이 얼마나 민첩한지, 힘이 센지 놀이를 통해 알 수 있다.

자신을 잘 아는 것이 행복한 삶의 첫걸음이다. 하지만 아이들은 필연적으로 부모와 어른들이 시키는 대로 살 수밖에 없다. 스스로 살아갈 힘이나 능력이 부족하기 때문이다. 그러다 보니 스스로 원하는 것보다 주변에서 만든 규칙과 권유에 따라 살아간다. 나중에는 자신이 좋아하는 것을 잊은 채 어른이 된다. 자신이 무엇을 좋아하고 어떤 신념이 있었는지 잊고서 살아간다. 그저 휴가나 월급날만 기다리지는 않는가? 우리가 살면서 가장 힘들고 괴로운 때는 현재 자신이 어디로 가고 있는지 모르고 하루하루 허무하게 살아갈 때다. 지금이라도 삶의 즐거움을 찾아야 한다.

얼음판에서 아이는 스케이트를 타고 어른은 소금을 뿌린다

어른들도 아이들 못지않게 놀 줄 알아야 한다

어릴 적 눈 오는 날이면 밖에 나가 소복이 쌓인 눈길 위에서 몇 시간이고 친구들과 눈싸움을 했다. 누가 먼저 눈 위에 발자국을 남기는지 경쟁을 했다. 내리막길에서는 누구나 상자를 찢어 썰매를 탔다. 그에 반해 어른들은 눈길을 보면 한숨부터 쉰다. 오늘 출근은 얼마나 막힐지, 평소보다 얼마나 일찍 나가야 할지 고민한다. 구청에서 왜 아직 눈을 안 치웠는지 불평하고 소금을 뿌린다. 새하얀 세상을 보며 감탄하는 아이들의 모습을 뒤로한 채 출근한다. 어느덧 삶은 놀라움과 즐거움이 아닌 그저 먹고살아야 하는 문제로 가득 찬 것이다.

2002년 노벨 경제학상을 받은 카너먼 교수는 〈행복의 재구성〉이라는 실험을 통해 행복의 조건이 무엇인지 말하고 있다. 그는 '좋은 느낌을 가질 수 있는 일에 시간을 많이 투자하라'고 말한다. 하지만 실험 결과 많은 사람이 나쁜 일에 좀 더 집중하는 경향을 보였다. 그는 사소해 보여도 좋은 느낌이 드는 일들에 집중하면 행복한 삶에 더 가까워진다고 한다. 지금이라도 아이들을 보며 얼음판에 소금을 뿌리기 전에 미끄럼을 타보는 건 어떨까? 뻔한 출퇴근길 대신 아이들처럼 다소 스릴 있는 다른 길을 찾아보는 것은 어떨까? 이제 어른들도 아이들 못지않게 놀 줄 알아야 행복해질 수 있다.

남자아이들은 즉시 시작한다

"선생님, 송곳 구멍보다 더 큰 구멍을 뚫으려면 어떻게 해야 해요?"

"음… 그럼 두꺼운 송곳으로 더 넓혀야지. 선생님이 괜찮은 도구가 있나 찾아보고 올게."

"선생님, 그냥 이 가위로 해보면 안 될까요?"

아이는 가위 한쪽 다리의 뾰족한 부분을 작은 구멍에 넣고 돌렸다. 그러자 금세 더 큰 구멍으로 넓어졌고 원하는 작업을 계속할 수 있었다. 한번은 악어를 만들고 싶어 하는 아이가 있었다. 악어의 입이 벌렸다 닫혔다 하는 동작을 구현하고 싶어 했는데 그러려면 경첩이 필요했다. 하지만 알맞은 크기가 없었다. 선생님이 다른 교실에 재료를 찾으러 간 사이, 아이는 이미 경첩 대신 종이 테이프를 입이 벌어지는 곳에 붙여 완성했다. 너무나 간단하고 단순한 해법에 헛웃음이 나왔다. '없으면 만들면 되지' 정신으로 무장한 아이들에게는 당연한 행동이다. 이런 아이들에게 '즉시 행동파'라는 별명을 붙이고선 좀 더 관찰하기로 했다.

즉시 행동파 아들의 첫 번째 특징 - 조급함
선생님을 기다리는 대신 날카로운 눈빛으로 주변을 탐색한다

그 자리에서 바로 해법을 찾고 재료를 만들어내는 아이들의 특징 중 하나는 조급함이다. 어른들이 보기에 급해 보이거나 누가 뒤에서 쫓아오는 것 같다. 선생님이 재료를 줄 때까지 기다리지 않는다. 수업을 시작하자마자 바로 찜해뒀던 재료를 가져와서 만들기 시작한다. 워낙 급하게 만들다 보니 종종 글루건이나 칼을 위험하게 사용하기도 한다. 이런 아이들은 한번 집중하면 몰입도가 높다. 선생님이 불러도 한참 후에나 대답할 정도다. 주위에서 보면 친구나 선생님을 무시하는 것처럼 보이기도 한다. 실제로 상담해보면 학교에서 선생님 말을 무시한다고 혼나기도 하고 교실에서 급하게 행동해 주의를 받았다고 한다. 일상에서 위험하고 부주의해 보이는 조급함, 하지만 교실에서 아이들을 보면 그들은 선생님보다 재빠르게 주변을 탐색한다. 책상에 올라가 선반을 살펴보기도 하고 다른 교실로 달려가 재료를 찾는다. 수동적이 아닌 능동적으로 주변을 탐색한다. 이때 아이들의 뇌는 창의성의 꽃을 피울 준비를 한다.

두 번째 특징 - 즉흥성
상황에 빠르고 유연하게 대처할 수 있는 자세

보통의 아이들은 만들고 싶은 것을 정하면 선생님과 필요한 재료들이 무엇인지 이야기한다. 신중한 아이는 조심스럽게 종이에 필요한 재료와 설계도를 그리기도 한다. 그러나 즉시 행동파 아이들은 즉흥적으로 재료탐색을 한다. '손끝으로 생각하기'라는 이름을 붙였는데 즉시 행동파 아이들은 손으로 다른 친구의 작품과 재료를 계속 손으로 만져본다. 더 나아가 상자를 자르고, 구기고, 접어보면서 생각한다. 글루건으로 이곳저곳을 붙이면서 머릿속에 있는 그림과 손안에 있는 재료의 형태와 비슷해질 때까지 계속 만지면서 탐색한다. 아이언맨 가슴에 있는 원자로를 흉내 낸다며 갑자기 자신의 옷에 글루건으로 작품을 붙이기도 한다. 선생님의 입장에서는 어디로 튈지 몰라 긴장하고 있어야 하지만 반대로 굳어있는 생각들을 과감히 깨뜨려준다. 《메시》의 저자 팀 하포드는 즉흥성에 대해 이렇게 이야기한다.

"즉흥적인 행동은 값싸고 빠르고 유연하고 상황에 맞춰 대응할 수 있으며, 독창성을 발휘할 수 있고 진심으로 대화할 수 있으며 정말 창조적일 수 있다."

즉시 행동하는 아이들에게 즉흥성은 창조를 위한 기본 소양이다. 그러다 보니 규칙을 어겨가면서까지 자신의 작품에 집중할 때도 있다. 글루건을 급하게 사용하거나 다른 친구의 작품을 집중적으로 탐색하다가 파손하기도 한다. 그럴 때마다 일정한 규칙을 적용해야 한다. 즉흥성에는 책임감이 항상 뒤따라야 한다.

세 번째 특징 - 반복성
반복을 통해 내면의 용기를 저축한다!

즉시 행동파 아이는 한 가지 주제에 푹 빠지기도 한다. 한번 총에 꽂힌 아이는 1년, 52주 동안 총만 만든다. 워낙 조급하고 즉흥적으로 만들다 보니 완성도는 낮은 편이다. 조잡해 보이고 글루건 자국이 덕지덕지 붙어있다. 이때 필요한 건 선생님과 부모님의 인내심이다. 매번 똑같은 주제로 총을 만들지만 조금씩 변하는 것이 보인다. 이전보다 좀 더 튼튼해지거나 조금씩 새로운 시도를 한다. 항상 듣게 되는 부모님의 걱정은 "매번 똑같은 것만 만드는데 뭘 배울까요?"다. 부모님의 용기가 필요한 시점이다. 이대로 아이가 자신의 것을 반복하며 창의력을 쌓는 시간을 줄 수 있어야 한다. 실제로 몇몇 부모님들은 용기를 내었고 아이는 마음껏 반복적으로 총이나 우주선을 만들었다. 우주선을 만드는 아이는 처음에 간단하고 조잡하게 만들었지만 나중에는 주변 사람들이 놀라서 사진을 찍을 정도로 잘 만들게 됐다. 한 가지 형태를 고집하다 점차 내면에 확신이 생기면 다른 형태를 시도한다. 반복이 계속되고 나중에는 즉흥적으로 다양한 형태를 실험해본다. 즉, 반복을 통해 내면의 용기를 저축하고 있었던 것이다.

조급함+즉흥성+반복성 = 새로운 시도에 대한 두려움 극복

즉시 행동파 아이들은 세 가지 도구로 불확실한 세계를 개척해 나간다. 남들이 보기에 조급해 보이는 것은 상황에 따라 신속하게 대처하는 모습으로 보일 수 있다. 즉흥적인 모습은 계획적인 어른이 보기에 무질서해 보일 수도 있다. 대신 즉흥적으로 작품을 만들기 때문에 고정 관념이 적다. 계획하지 않았기 때문에 자신이 보기에 적당한 형태가 있으면 바로 재료로 사용한다. 재료에 구애받는 것이 아니라 생각에 맞춰 주변에서 재료를 만들어내기도 한다. 이 과정을 반복함으로써 아이는 자신의 실력을 다져나간다. 처음에 조잡하게 보이던 작품이 점차 제 형태를 찾고 조금씩 새로운 변화를 준다. 실력으로 튼튼하게 다져진 지반 위에서 아이들은 새로운 시도를 두려워하지 않는다. 이때부터는 선생님도 놀랄 새로운 형태와 참신한 방법을 보여준다. 어떤 일을 사전에 계획하고 완벽한 타이밍을 기다리는 어른들로서는 이해가 되지 않는 결과다.

완벽주의 어른의 질문에 비(非)완벽주의로 대답하는 아이들

어른은 시작하기에 앞서 완벽한 상황을 계획한다. 그림을 배우고 싶다고 마음먹으면 먼저 관련 서적을 찾아본다. 사람들이 추천하는 ○○그림교실 책을 시리즈로 수십 권 구매한다. 이어서 좋은 도구로 그려야 잘 그릴 거라 생각하고 인터넷에서 어떤 도구가 좋은지 한참 동안 검색한다. 고민 끝에 값비싼 외국 브랜드 색연필 세트를 산다. 게다가 그리기 적당한 시간도 있어야 한다. 평일은 야근으로 늦게 들어오니 건너뛴다. 휴일에도 친구들 만나는 시간을 제외한다.

절대로 짬짬이 틈을 내 바로 옆에 있는 1,000원짜리 연습장에 모나미 볼펜으로 그릴 생각은 하지 않는다. 결국 수십 만 원의 비용을 써서 책과 비싼 색연필을 구비하고 나서야 그릴 준비를 한다. 아뿔싸, 이제는 지쳐서 아무것도 그리기가 싫어진다. 운동도 마찬가지다. 먼저 유명 연예인의 다이어트 책을 먼저 사고 수십만 원짜리 고가 브랜드 운동화를 알아본다. 그러다 나중에는 준비하는 시간 동안 스스로 질리고 만다.

즉시 행동파 아이들은 결코 완벽한 상황을 기다리지 않는다. 마음속에 '지금 당장 해보자'라는 생각뿐이다. 만약에 상황이 허락하지 않는다면 다른 길을 찾아본다. 다른 교실을 가보거나 선생님이 안 보는 사이 창고도 들어가 본다. 그런 와중에 참신한 해결방법을 찾아낸다. 선생님이 없다고 말한 재료를 아예 만들어내거나 다른 방법으로 문제를 해결한다. 재료에 대한 고정 관념이나 기준은 없다. 그저 자신의 목표에 맞는 형태나 색을 지니고 있으면 재료로 사용한다. 그렇기에 남들과는 다른 형태나 느낌의 작품들이 나온다. 이것을 우리는 '개성'이라고 부른다. 오늘날 우리는 개성과 창의성을 부르짖는다. 획일화된 교육을 비판하며 개성을 살리는 교육, 창의적인 학습법을 찾는 데 많은 돈을 투자한다. 의외로 해결책은 단순한 데 있다. 바로 우리 어른들의 완벽주의를 깨뜨리는 것이다.

완벽주의에 대한 압박은 사실 결과에 대한 두려움에서 시작된다. 잘되지 않았을 때의 비난과 자책으로부터 보호하기 위해 필요 이상으로 자신을 계획으로 무장하는 것이다. 완벽함에 대한 환상은 자신에 대한 환상과도 같다. 자신에 대한 기대치가 높을수록 모든 것이 완벽하고 내가 그린 그림대로 모든 것이 이뤄지길 바란다. 기대치가 높을수록 결과에 대한 압박과 실망감도 그만큼 높아진다. 처음에는 무릎 높이의 기대치가 나중에는 저 멀리 산꼭대기만큼이나 올라갔을 때 그만한 실망을 견뎌낼 수 있는 사람은 많지 않다.

지금 당장 시작하자. 자신의 기대치가 높아지기 전에 지금 즉시 움직여보자. 계획보다는 작은 시도를 해보자. 결과에 대한 두려움이 커지기 전에 즉흥적으로 한번 시도해보자. 수업 때도 물감으로 칠하면 망칠까봐 두려워하는 아이들이 있다. 그런 아이들을 위해 미리 물감을 팔레트에 부어 놓는다. 버리는 재료에 마음껏 색칠해보게 한다. 색칠이 별거 아님을 알게 된다. 그제야 아이들은 자신의 작품에 물감을 칠하기 시작한다. 나중에는 다양한 색을 시도해본다. 우리도 일단 작은 것부터 해보자. 반복하면서 조금씩 나만의 방법을 찾다 보면 삶이 좀 더 풍성해지고 즐거워진다.

주변의 모든 것을 재료로 사용하는 창의적인 아이들

"잠깐 준수야, 지금 뭐하는 거니?"

"선생님, 드디어 좋은 생각이 났어요. 이것만 있으면 총을 장전하는 장치를 만들 수 있어요."

"일단 알겠는데 지금 네 손에 있는 건 재료가 아니라 전기선이야."

"홍진아, 작품 만드는 건 좋은데 빗자루는 재료로 사용하면 안 돼요."

"그건 워프 장치가 아니라 선물 받은 꽃병이란다."

수업하다 보면 아이들은 허락된 재료가 아닌 학원이나 선생님

물건을 사용하려고 한다. 매직펜이 전투기 미사일과 흡사해서 사용하려는 아이, 전구가 외계 우주괴물과 비슷하게 생겼다고 달라는 아이, 선물 받은 유리병에서 반사되는 빛이 워프장치 효과 같다며 사용하려는 아이 등. 아이들이 왜 사용하면 안 되냐고 물어볼 때마다 일일이 '어른의 사정'을 이야기하기에는 벅차다. 한편으로는 꽃병을 꽃을 담아두는 도구로 한정 짓는 나를 보게 된다.

창의성을 뜻은 '새로운 생각뿐만 아니라 기존의 것을 다른 시각으로 보는 능력과 활용하는 행위'다. 아이들은 재료의 범위를 한정 짓지 않는다. 특히 자기주도성이 강한 아이일수록 철저하게 주변의 것을 재료로 사용한다.

아들에게 재미는 곧 재료가 된다

물건의 형태가 가진 재미를 자신의 작품에 이용하는 것이 창의성이다

마트에서 우연히 파스타 재료 코너를 지날 때였다. 보통 우리가 아는 파스타는 긴 면발이나 마카로니처럼 짧은 대롱 모양이다. 제법 큰 마트나 식당에 가보면 적어도 5가지에서 10가지가 넘는 다양한 형태의 파스타를 볼 수 있다. 그중 펜네(Penne)와 로텔레(Rotelle) 파스타가 가진 재미있는 형태가 눈에 띄었다. 펜네는 말 그대로 펜대 모양과 비슷해 붙여진 이름이고 로텔레는 자동차

바퀴와 비슷하게 생겼다. 요리 재료가 아닌 미술 재료로 아이들이 어떻게 사용하는지 궁금해서 다음 날 바로 수업에 적용해봤다. 아이들은 파스타의 재미있는 형태를 놓치지 않고 다양하게 적용했다. 펜네는 괴물의 이빨뿐만 아니라 감옥의 창살, 기관총 총알로 사용됐다. 로텔레 파스타는 내 예상과는 다르게 아무도 바퀴로 사용하지 않았다. 음식 재료라서 잘 부서졌기 때문이다. 대신 버스 지붕에 있는 에어컨으로 활용하기도 하고 자동차의 핸들로 사용하기도 했다. 또 어떤 아이는 찜질방이나 목욕탕에 있는 미끄럼 방지 패드 같다고 하며 미니어처 재료로 사용했다. 재료가 주는 형태적 재미가 선생님의 예상과 다른 결과물을 만드는 것이다.

아이와 어른의 사물을 볼 때 차이점은 연상능력에 있다는 것을 깨달았다. 아이들은 어떤 물건을 볼 때 물건의 쓰임새보다 형태를 먼저 관찰한다. 물건의 기능을 잘 모르기 때문이기도 하지만 물건의 형태가 가진 재미를 자신의 작품에 이용할 줄 안다. 그것이 곧 창의적인 형태로 이어진다. 그에 반해 어른들은 물건을 볼 때 먼저 기능을 따진다. 그 물건으로 무엇을 먼저 할 수 있는지 생각한다. 아이들은 연상하며 상상력을 확장하는 반면 어른들은 기능을 생각하며 상상력의 문을 닫는다. 물건의 목적과 성능을 잘 알기 때문에 오히려 유연한 사고를 방해하는 것이다. 예를 들어 택배가 오면 어른과 아이들은 서로 다른 이유로 즐거워한다. 어른은 상자 안에 자신이 주문한 물건 때문에, 아이는 자신이 가지고 놀 재료인 상자 때문에 즐거워한다. 어른에게는 상자란 물건을 담고, 재활용이 가능하며, 공간을 많이 차지하는 쓰레기일 뿐이다. 반면 아이에게는 집이나 비밀기지, 기차도 만들 수 있는 만능 장난감이다. 아이들은 재미있고 흥미를 주는 대상이 곧 재료가 된다.

재료가 없으면 재료를 만드는 아이들

포기하지 않고 지금 있는 것으로 문제를 해결하는 자세가 중요하다

"선생님, 실제 총에 있는 방아쇠 같은 재료 없어요?"

"인형 뽑기 기계를 만들고 싶은데 기계 팔 재료 있어요?"

가끔 아이들은 학원에서 구비하기 어려운(고가이거나 판매하지 않는) 재료를 원한다. 머릿속에서는 화려한 전투기나 우주선이 레이저를 쏘며 날아다닌다. 하지만 막상 눈앞에 있는 상자, 나무, 폼보드와 같은 재료를 보면 만들 엄두가 나지 않는다. 처음에는 어떻게 해서든지 구해보려고 했다. 해외 인터넷 쇼핑몰을 뒤져 무선조종 키트를 찾아보기도 하고 아마존에서 알아보기도 했다. 하지만 가격이나 배송기간 등 한계가 명확하게 보여 결국 아이들에

게 구할 수가 없노라고 고백했다. 하지만 아이들은 아무렇지도 않게 "아, 그래요? 그럼 직접 만들어야죠!"라고 하며 교실 안을 돌아다녔다. 교실에서 재료를 탐색하는 아이들은 흡사 야생에서 먹이를 찾는 하이에나와도 같다.

처음에는 선생님이 권해준 재료에서 탐색한다. 그러나 원하는 재료를 발견하지 못하면 하이에나처럼 죽은 동물, 즉 만들다 만 작품이나 다른 친구가 버린 작품들을 뒤진다. 장소의 구애도 없다. 이 교실 저 교실을 돌아다니고 심지어 집에서 가져오기도 한다. 어떤 아이는 학원에 올 때 근처 폐기물 버리는 곳에서 가구 조각 등을 들고 오기도 했다. 결국 방아쇠를 찾는 아이, 인형 뽑기 기계 팔을 찾는 아이 모두 자기만의 방식으로 문제를 해결했다. 실제 총의 방아쇠를 구현하고 싶은 아이는 굵은 전선으로 방아쇠 모양을 만들고 총과 방아쇠에 작은 자석을 달아 완성했다. 같은 극끼리 밀어내는 자석의 반발력을 이용해 누를 수 있는 방아쇠를 만든 것이다. 인형 뽑기 기계를 만든 친구는 기계 팔에 있는 손가락에 자석을 부착했다. 상자 안의 다른 인형에도 자석을 붙여 간단한 구조로 만든 것이다. 두 아이 모두 내가 가지고 있던 고정관념을 깨버렸다. 복잡하고 비싼 재료가 필요하다고 생각하던 나에게 지금 있는 재료로 해결하는 모습을 보여줬기 때문이다. 무엇보다 선생님도 해결하지 못하는 문제를 자신이 해결했다는 것을 경험해본 아이들의 표정에는 성취감뿐만 아니라 깊은 만족감이 있다. 아이들은 재료가 없다고 포기하지 않는다. 재료가 없으면 재료를 만들어낸다.

어른들에게는 상황이라는 재료가 있다
지금 상황을 나에게 유익하게 바꿀 수 있는 것은 나 자신이다

아이들은 자신이 만들고 싶은 게 있다면 그 무엇이든 재료로 사용한다. 주도적이고 목표의식이 명확한 아이일수록 재료에 대한 고정 관념에서 자유롭다. 심지어 재료가 없으면 재료를 만드는 모습도 보여준다. 이런 아이들을 보면서 우리 어른들은 무엇을 배울 수 있을지 생각해본다.

사회생활을 하면서 실제로 무언가를 만들어내는 일은 별로 없다. 사무적인 일이나 취미로 무언가를 만들 뿐이다. 이때 불현듯 우리 모두에게 있는 재료가 떠올랐다. 바로 상황이다. 우리는 다양한 상황에 맞닥뜨리며 살고 있다. 오늘 아침 아이를 어떻게 깨우고 먹일지와 같은 사소한 상황부터 앞으로의 계획에 대한 불확실한 상황까지 다양한 재료가 주어져 있다. 때로는 '돈이 좀 더 많았으면', '남편(아내)이 좀 더 친절했으면'과 같은 없는 재료(상황)를 탓하기도 한다.

"유전이나 성장 배경은 그저 '재료'에 지나지 않는다.
그 재료로 불편한 집을 지을지 편안한 집을 지을지는
우리 손에 달려 있다."
-알프레드 아들러, 《인생에 지지 않을 용기》-

우리 앞에는 다양한 상황이 펼쳐져 있다. 파스타 재료인 로텔레를 활용하는 아이들을 다시 떠올려보자. 어떤 아이는 핸들로 사용하고 다른 아이는 버스 에어컨 장치로 활용했다. 또 짓궂은 아이는 투석기로 날려버려 스트레스 해소용으로 활용했다. 같은 재료라도 아이들의 목적에 따라 각기 다르게 사용했으며 결국 자신을 위해 사용했다. 혹시 자신의 상황을 탓하며 하지 못한 일이 있었는가? 자신에게 일어나지 않는 상황을 가지고 괴로워하지는 않는가? 반대로 자신이 상황을 만들어보는 것을 어떨까? 주변에서 도움을 주기까지 기다리지 말고 직접 도움을 요청해보는 것도 좋은 방법이다.

빅터 프랭크는 유망한 유대인 정신과 의사였다. 하지만 2차 세계대전 때 유대인이라는 이유로 지옥 같은 아우슈비츠 수용소로 끌려갔다. 그는 상황에 굴복한 무기력한 사람들은 죽음을 선택하는 모습을 관찰했다. 반대로 어떻게든 자신만의 삶의 이유를 만들어내는 사람은 생존율이 높다는 것을 발견했다. 이후에 그는 수용소의 가혹한 상황에서도 굴복하지 않고 살아남기 위해 자신만의 삶의 이유를 찾고 기록했다. 해방 후 그는《죽음의 수용소에서》라는 책을 통해 '로고 테라피(logo therapy)'라는 치료기법을 창안한다. 최악의 상황에서도 의미를 찾는다면 인간은 견디고 더 강해질 수 있다는 것이다.

지금 우리 앞에 펼쳐진 상황을 바라보자. 자기 나름대로 힘들거나 감당하기 어려운 상황들 앞에서 무기력하게 있기보다 적극적으로 자신에게 맞게 바꿔보는 것은 어떨까?

남자아이들만의
창조적인 삶을 사는 법 - 감탄하기

"감탄의 능력이야말로
예술과 학문의 모든 창조적 결과를 낳는 조건이다."
-에리히 프롬-

아이들은 사소한 것에 감탄한다. 다른 친구의 작품을 보고 놀라고 선생님의 바뀐 작업복을 봐도 놀란다. 감탄은 곧 호기심과 연결된다. 새로 들어온 재료들을 보고 선생님에게 끊임없이 질문한다. 호기심의 영역에서 아이들은 항상 굶주려있다. 아이들은 결코 자신의 호기심에 만족하는 법이 없다. 이런 굶주림이 오래 가면 좋겠지만 안타깝게도 그렇지 않다.

학교에 들어가고 학원을 전전하기 시작하면 시험에 나오는 정답만을 구하게 된다. 감탄하거나 놀라는 것은 무지의 증거이자 어리숙함의 증거라고 교육받는다. 어린아이가 놀라면 순수함의 표현이지만 어른이 놀라면 어리숙하거나 경험이 부족한 사람으로 취급한다. 감탄하는 것은 아이들의 전유물이자 평생 살면서 한두 번 마주치는 이벤트라 생각한다.

한 지인은 20년 넘게 아동교육 관련 업계에서 일하면서 수많은 아이를 가르쳤다. 대부분 아이는 어릴 때 호기심이 넘쳐 항상 질문을 입에 달고 산다. 어머니는 아이의 질문공세에 눌려 자리를 피하기도 한다. 이런 아이도 학교에 들어가는 순간 조용해진다. 학교에 들어가면서 선생님이 허락할 때에만 말과 행동을 해야 하기 때문이다. 사고방식도 서서히 학교의 커리큘럼과 시간표에 맞춰진다.

지인은 아이의 질문공세에 시달리는 어머니께 이렇게 말한다고 한다.

"지금 들어둘 수 있을 때 많이 들어두세요. 어느 순간 아이들은 조용해집니다."

그 조용한 아이들이 바로 우리다. 질문을 하면 유난스럽다고 생각하고 떠들면 시끄럽고 선생님의 말과 필기가 배움의 전부라고 생각하는 어른. 비단 우리나라뿐만 아니라 옆 나라 일본에서도 현 교육제도에 대한 반성이 일어나고 있다. 일본의 유명 저널리스트 다치바나 다카시도 그의 저서 《지식의 단련법》에서 "일본 학생들은 바보가 돼버렸다. 스스로 사고하는 법을 버리고 교수의 필기를 그대로 베끼고 복사해 버린다. 이대로 가다간 일본 교육의 미래는 기대하기 힘들다"고 말하며 스스로 찾아서 배우는 자세를 가져야 한다고 주장한다.

감탄하기, 에리히 프롬이 말한 진짜 삶의 첫 번째 조건
감탄과 놀람은 우리를 새로운 삶으로 이끈다

"과학의 천재성은 놀라는 능력에 있다."

-쥘 앙리 푸앵카레(프랑스 수학자)-

감탄과 놀람은 우리를 새로운 삶으로 이끈다. 위대한 학자의 강의를 듣거나 거창한 일에서 찾을 필요도 없다. 우연히 카페에서 들었던 노래가 온종일 기억에 남아 흥얼거리거나, 서점에서 별생각 없이 집어 든 책의 한 줄이 내 마음을 두근거리게 한 경험은 누구나 있을 것이다.

필자는 미 항공우주박물관의 모습을 찍은 사진을 우연히 봤을 때, 어릴 적 비행기를 너무나 좋아했던 내 모습이 생각났다. 이후에 그 사진은 계속해서 내 마음을 두드렸고 급기야 얼마가 들든지 간에 꼭 가야겠다고 생각했다. 결국 짧은 휴가 기간 동안 비싼 돈을 들여 워싱턴으로 20시간 동안 비행기를 타고 갔다. 피곤한 몸을 이끌고 도착한 항공우주 박물관은 나에게 실제 크기의 여객기, 전투기, 우주선들을 보여줬다.

무엇보다 그곳에서 만난 플라네타리움Planetarium은 수십 광년의 우주를 내 머리 위 천장으로 가져왔다. 수천만 개의 별들과 은하수의 흐름이 내 머리 위에서 펼쳐지는 순간 우주의 한 공간에 떠 있는 것 같았다. 상영이 끝나도 그 자리에서 일어날 수 없었다. 충격받은 채 멍하니 앉아있자 관리인이 씨익 웃으면서 "You're in Shocked!(충격받았군요!)"라고 말하며 나를 바라봤다. 결국 그에게 15달러를 주고 4번이나 더 관람한 후에야 일어설 수 있었다.

이후에 한국에 와서도 그때의 감동을 아이들에게 재미있는 형태로 보여주고 싶었다. 우주와 남자아이들이 좋아하는 '외계인과의 싸움'을 접목시켜 보기로 마음먹었다. 그 결과 '우주전쟁'이라

Planetarium : 천체 투영기. 천문대에서 주로 별자리의 움직임을 연구하거나 관광객들에게 교육용으로 사용된다. 스크린이 앞에 있는 극장과 다르게 천장에 스크린이 돔(dome) 형태로 있으며 특수 프로젝터로 스크린에 영상을 투영한다.

는 특강을 만들었다.

먼저 학원 전체를 커튼을 이용해 어둡게 한다. 일반 전구 대신 블랙라이트로 학원을 메우고 야광 페인트로 행성과 별들을 만들었다. 이렇게 만든 우주 공간 속에서 아이들은 자기만의 우주선을 만들어 외계인으로 변신한 선생님과 싸우면서 즐거운 시간을 보냈다. 지금도 사람들에게 미국에 다녀온 이유가 단지 사진 한 장 때문이라고 하면 믿지 않는다. 그 먼 곳까지 많은 돈을 들여 사진에 있는 장소를 보기 위해 가는 것은 흔치 않기 때문이다. 하지만 나는 용기를 냈고 평생 잊을 수 없는 추억을 만들었다. 무엇보다 나 혼자 간직하는 추억이 아니라 아이들에게도 우주전쟁이라는 형태로 즐거운 추억을 나눠줬다. 만일 사진 한 장을 보고 시큰둥하게 지나쳤다면 삶의 중요한 페이지 하나가 사라졌을 것이다.

오오히라 타카유키는 어릴 적 기계에 관심이 많았던 아이였다. 초등학교 4학년 때 우연히 입수한 야광 페인트에 작은 붓을 찍어가며 벽에 오리온자리를 그렸다. 그리고 불을 끄는 순간 아이 앞에서는 오리온자리가 당당하게 빛나고 있었다. 이 경험에서 깊은 감동을 받은 아이는 플라네타리움 만들기에 푹 빠져 일생을 바친다. 처음에는 수백 개의 별에서 100만 개로, 나중에 그의 나이 38세에 2,200만 개의 별을 보여주는 슈퍼 메가스타를 발표해 세계 최고의 플라네타리움 제작자로 성장한다. 전 세계 사람들에게 수천만 개의 별빛으로 감동을 준 계기는 바로 어릴 적 자신의 벽에 찍혀있던 작은 야광 잉크였다. 그때의 감탄이 없었다면 놀라운 성장도 없었을 것이다.

프리랜서 사진작가인 모리 유지는 1999년부터 자신의 가족의 사소한 일상을 인터넷에 올리기 시작했다. 사진의 내용은 너무나 사소하고 일상적이다. 아들이 새 장갑을 들고 좋아하는 사진, 집에 오는 길에 본 복숭앗빛 노을, 서랍장에 숨어있는 딸의 사진 등 누구나 한 번쯤은 마주치는 풍경이다. 놀랍게도 이 사진들은 사람들의 공감을 얻기 시작한다. 나중에는 '다카페 일기'라는 책으로 출간돼 베스트셀러가 됐다. 사소한 일상이지만 그 안에서 누구나 한 번쯤 미소 짓는 순간을 포착했기에 가능한 일이다. 놀라움과 감동은 결코 멀리 있는 것이 아니다.

아이처럼 삶의 재미를 찾아라

아이들은 재미를 찾고 어른들은 숨긴다. 학부모와 이야기하다 보면 아이가 너무 재미만 찾으려고 해서 걱정이라는 말을 자주 듣는다.

재미가 아이들을 시끄럽고 정신없게 만드는 악이라고 생각한다. 한번 재미있는 주제에 푹 빠진 아이들을 꺼내는 일은 불가능에 가깝다. 옆에서 아무리 불러도 지금 눈앞에 있는 게임이나 작품만 바라볼 뿐이다. 멀리 가지 않아도 마트에서 장난감 앞을 떠날 줄 모르는 아이의 팔을 어머니가 억지로 잡아끄는 광경은 흔히 볼 수 있다. 게다가 아이들은 약삭빠르다. 재미가 있고 없고를 빛의 속도로 파악해서 지루하면 바로 표정과 행동에서 나타난다. 일부러 재미있는 척하며 그리기를 유도해도 하품을 하며 바로 다른 곳으로 간다. 학교에서도 선생님이 권하는 게 게임인지, 게임으로 위장한 학습인지 귀신같이 파악한다. 아이들에게 재미로 포장한 학습지는 먼지만 쌓여갈 뿐이다. 어째서 아이들은 재미를 추구할까?

재미는 무의미한 정보에서 패턴을 발견했을 때 느낀다
연습은 재미를 느끼기 위한 과정이다

영화 〈콘택트〉 이야기를 잠깐 해보자. 주인공 엘리는 외계에서 오는 신호를 분석하는 천문학자다. 언제나 하늘만 바라보며 신호를 찾는 엘리는 어느 날 외계에서 온 신호를 듣게 된다. 처음에는 노이즈 상태의 신호인 줄 알았지만 그 안에 일정한 수학 법칙을 알게 되고서 외계 지성체가 보낸 신호라 생각해 흥분을 감추지 못한다. 이후에 엘리는 과학자들과 지속적으로 탐구를 계속해 그들이 보낸 메시지를 해독하게 된다. 만약에 엘리가 신호를 잡음으로만 치부했다면 아무 일도 일어나지 않았을 것이다.

이 장면이 바로 우리가 학습하는 과정과 닮아있다. 처음에는 알 수 없는 정보들에서 일정한 패턴을 찾고 패턴을 분석하는 것이 바로 학습이다. 노이즈라고 치부했던 정보 안에서 일정한 패턴을 찾았을 때 우리는 재미, 일종의 쾌감을 느낀다. 이 쾌감을 느끼기 위해 반복하며 학습하게 되는데, 우리는 이것을 '연습'이라고 부른다.

이 과정을 가장 쉽게 볼 수 있는 것이 게임이다. 슈퍼마리오 게임을 예로 들어보면 처음에는 마리오를 움직이는 법부터 배운다. 함정에 빠지면 마리오는 죽는다. 다시 시작할 때는 점프를 해서 함정을 피하는 법을 배운다. 나중에는 초록색 파이프에 들어가는 법, 아이템을 획득하는 법 등의 패턴을 발견한다. 이 과정에서 재미를 느끼고 반복한다. 반복하면 반복할수록 게임을 더 잘하게 된다.

또 다른 예로는 음악이 있다. 음악이 들려주는 선율이나 독특한 리듬감에서 우리는 패턴을 발견한다. 재즈 음악의 부드러운 선율을 좋아하는 사람도 있고 록 음악의 격렬하고 빠른 리듬감을 좋아하는 사람도 있다. 재즈를 좋아하는 사람에게 록을 들려준다면 소음으로만 들릴 것이다. 하지만 그 사람이 계속해서 록 음악을 들으며 고유의 리듬감과 박자를 이해하게 되면 새로운 음악을 발견했다는 기쁨을 느낄 것이다. 개인적으로 음악을 들으며 가장 큰 기쁨을 느낄 때는 '변주곡'에서 원형 음악을 발견할 때다. 음악 사이트에서 '지브리(Ghibli)'로 검색하면 기존 애니메이션 OST뿐만 아니라 원곡을 다양한 악기로 변형해서 연주한 5~60개의 앨범이 나온다. 예를 들어 애니메이션 하울의 움직이는 성에 나오는 '인생의 회전목마'를 검색하면 원곡은 피아노지만 하프, 바이올린, 아카펠라, 첼로 등 다양한 악기로 변주한 곡들이 있다. 평소 한 번도 듣지 못한 하프라는 악

변주곡 : 한 번 나타난 소재(주제, 동기, 작은악절 등)가 반복될 때 변화를 가해 연주하는 것.

기에서 좋아하는 곡의 선율과 리듬을 발견했을 때 큰 기쁨을 느낀다. 수많은 악기의 연주 속에서 좋아하는 음악의 패턴을 발견했을 때 보물을 발견한 탐험가와 같은 쾌감을 느낀다. 자연스럽게 다양한 악기가 가진 특성을 배우고 싶어진다. 학습에 대한 욕구가 생기는 것이다.

재미는 학습을 위해 뇌가 주는 선물이다
'식은 죽 먹기 상태'가 될 때까지 뇌는 우리에게 재미를 느끼게 한다

뇌는 새로운 패턴을 발견할 때마다 재미를 느끼고 반복하려는 성향이 있다. 재미를 느끼면 체내에서 엔도르핀이 생성돼 기분을 좋게 만들어준다. 그래서 한번 전율을 느끼면 동일한 쾌감을 얻기 위해 지속해서 같은 행동을 반복하게 된다. 공부도 마찬가지다. 모르던 문제를 간신히 풀었을 때의 쾌감을 느껴본 사람은 꾸준히 다른 것에도 도전하게 된다.

이 원리를 이해하면 우리 아이들에게 학습을 어떻게 유도해야 하는지 알 수 있다. 수업시간에 가끔 전기드릴을 사용할 때가 있는데, 아이들은 처음에 드릴 소리에 겁을 먹는다. 하지만 곧 자신

보쉬(BOSCH) 핸드드릴. 작은 크기에 적당한 회전속도로 아이들도 안전하게 사용할 수 있다.

이 버튼을 누를 때만 움직인다는 사실을 알게 되면서 재미를 느끼기 시작한다. 전기드릴을 통제할 수 있다는 자신감에 회전, 역회전 전환 버튼을 계속 눌러가며 기계를 탐색한다. 어느 정도 숙달이 되고 나면 다음 단계를 위한 질문을 한다.

"이걸로 뭘 할 수 있어요?"

처음에는 조그마한 손으로 나사를 집는 연습부터 한다. 익숙해지면 부드러운 재질의 스펀지에 나사를 돌리는 연습을 한다. 나사를 놓치거나 잘못 끼우는 등 실수를 하기도 하지만 나중에는 어른만큼이나 의젓하게 사용하게 된다. 응용하는 단계로 넘어가는 아이도 있다. 물체와 물체를 연결하기 위한 나사가 아닌 거북선의 뾰족한 가시로 사용한다. 어떤 아이는 고무줄을 묶는 기둥으로 사용하기도 한다. 처음에는 드릴 소리만 듣고 무서워하던 아이들이 나중에는 자유자재로 사용하는 모습에서 학습의 중심에는 재미가 필요하다는 것을 알게 된다. 재미가 이끄는 대로 아이들은 물건을 탐색한다. 선생님의 설명은 필요하지 않다. 자신이 직접 눌러보고 다른 재료들에 대어보면서 어떤 일이 일어나는지 관찰한다. 이 과정에서 아이는 웃고 감탄하며 재미있어 한다. 이후에는 마치 한 계단씩 올라가는 것처럼 아이는 좀 더 과감한 도전을 하며 전기드릴을 온전히 자신의 것으로 만든다. 반대로 더 이상 아이 앞에 학습의 계단이 없다면 어떻게 될까? 전기드릴 사용법을 완전히 파악하고 나서는 어떻게 될까?

패턴이 파악되면 지루함을 느낀다

삶이 지루한 이유는 패턴이 파악될 대로 파악됐기 때문이다

재미의 반대말은 지루함이다. 어떤 일의 패턴을 모두 찾으면 뇌는 즉시 화학작용을 중단한다. 즉, 더 이상의 쾌감을 느낄 수 없게 한다. 쾌감이 없어지면 지루함이 찾아오며 하던 일을 즐겁게 할 수 없게 만든다. 영화나 책을 볼 때 어느 순간 뻔한 결말이 예상되면 재미가 없어지는 이치와 같다. 전기드릴 사용법을 완전히 숙지하는 법을 배운 아이는 더 이상 드릴에 흥미를 갖지 않는다. 이후에는 도구로서만 사용하고 전기드릴을 만지는 것을 흥미로워하지 않는다. 이미 충분히 파악됐기 때문이다. 때로는 사용하기도 전에 다른 아이가 사용하는 모습을 보고 바로 패턴을 파악하는 아이도 있다. 그 아이의 경우는 직접 만져보기도 전에 '아, 저건 재미없구나'라고 느끼고 관심을 두지 않는다. 이런 모습을 보며 하루하루 단조로운 삶을 살아가는 우리 어른들의 모습이 떠올랐다.

"요즘 뭐 새로운 것 없어?"

이런 질문을 들었을 때 바로 대답할 수 있는 사람은 얼마나 될까? 대부분은 최근 영화나 주변 지인 소식 정도밖에 생각하지 못할 것이다. 자신의 하루를 생각했을 때 하루하루가 새로운지, 아니면 말하기도 귀찮을 정도로 뻔한지 생각해보자. 매일매일이 비슷한 하루를 우리는 '쳇바퀴'라고 부른다. 그다지 새로운 일이 없는 것이다.

우리가 새로운 영화나 공연, 책, 전시에 관심을 두는 이유도 새로운 자극을 받기 위해서다. 남자들이 예비군을 가면 왜 매사에 지루해하고 귀찮아하며 졸기 일쑤일까? 이미 군 생활의 모든 요소를 파악했기 때문이다. 일명 '짬'이 최고치에 올라왔기에 어떤 일이라도 현역 군인보다 잘 처리할 수 있고 더 이상 새롭게 배울 일이 없기에 지루한 것이다.

반대로 지루함을 이용해서 사람을 통제하기도 한다. 죄수에게 가장 무서운 형벌은 독방형이라고 한다. 우리의 뇌는 끊임없이 새로운 자극을 추구하는데 독방에서는 누구와도 대화할 수 없고 무엇도 들을 수 없다. 사람이 그리워지고 누군가와 애타게 대화를 하고 싶어진다. 심하면 혼잣말을 하며 환청을 듣는다. 그만큼 우리 뇌는 새로운 자극을 원한다. 쳇바퀴 같은 일상에서 감옥과도 같은 답답함을 느끼는 이유는 삶의 재미, 새로운 것이 없기 때문이다.

아이들처럼 재미를 찾아야 한다
새로운 삶의 자극을 위해 일상에서 변화를 시도해보자

책은 재미없으면 덮으면 된다. 영화도 재미없으면 도중에 나오면 된다. 하지만 삶은 그렇게 할 수 없다. 필사적으로 새로운 것을 찾아야 한다. 그렇기에 아이들은 필사적으로 재미를 찾는다. 재미없는 것에는 혹독할 만큼 관심을 두지 않는다. 아이는 필사적으로 학습하고 있지만 어른들 눈에는 그저 놀기만 좋아하는 아이로 보일 뿐이다. 재미라는 것은 어디까지나 놀이를 할 때 느끼는 감정이라고 생각한다. 성인이 게임이나 놀이에 몰두하면 어린아이와 같은 사람으로 취급받기도 한다. 그러나 위에서 말했듯 재미는 뇌가 우리에게 주는 선물이다. 재미는 삶 전반에 있어야 한다. 일할 때도 재미가 있어야 오랫동안 하고 전문가가 될 수 있다. 사람과의 만남에도 재미가 있어야 더 깊은 관계를 맺을 수 있다.

새로운 삶의 자극을 위해 일상에서 변화를 시도해보자. 새로운 출근길을 찾는 것은 어떨까? 아이와 함께 새로운 마트나 골목길을 찾아보는 것도 좋다. 2014년, 런던에서는 지하철 노동자들이 파업했다. 이로 인해 70%가 넘는 지하철역이 폐쇄됐고 수많은 직장인은 새로운 경로를 찾아야 했다. 파업이 진행되면서 처음에는 짜증이 났을 것이다. 그런데 재밌는 사실은 파업이 끝난 후에도 일부 직장인은 조금 돌아가는 새로운 출근길을 고수했다는 점이다. 익숙한 길이 아닌, 새로운 길이 주는 변화에 매료됐기 때문이다. 이처럼 생활에서 가장 자주 부딪히는 일 중 하나를 새로운 것으로 대체했을 때 새로운 자극을 얻을 수 있다.

아들은 이야기를 지어가며 삶을 창조한다

남자아이들은 이야기를 통해 삶을 만들어간다. 어른들이 보기에 황당하고 앞뒤가 맞지 않는 이야기를 지어내는 아이들이지만 때론 어른보다 더 깊은 통찰력을 보이기도 한다. 아이들은 이야기 속에 일어나는 상황을 마치 실제 자신이 겪는 것처럼 행동한다. 어떤 아이들은 자신이 만들어낸 이야기에 스스로 당황해서 울음을 터뜨리고 만다. 그만큼 이야기의 힘은 강력하며 아이들 삶에 영향을 준다. 가상세계의 경험이 곧 현실세계의 경험이 되는 것이다. 아이들은 타고난 이야기꾼이며 연출가이자 배우다. 얼마나 상황에 몰입하느냐가 바로 아이들이 얼마나 진지하게 세상을 살아가는지에 대한 척도가 된다. 이제부터 이야기가 어떻게 아이들과 우리 삶을 만들어가는지 알아보자.

아이들은 심해에 사는 상어를 잡기 위해 삼삼오오 모여들었다. 누가 먼저 바닷속으로 들어갈 것인가 순서를 정해야 했다. "내가 먼저 들어갈 테니까 만약에 내가 동굴 속으로 끌려 들어가면 꼭 구해줘"라고 말한 후 선장인 내가 먼저 바닷가로 들어갔다.

"선장님, 괜찮아요?"

아이들은 걱정스러운 표정으로 물어본다.

물은 지독하게 차가웠다. 저 아래 검은 곳에 녀석이 숨어있는 것 같았다. 그때 갑자기 내 발목을 무언가가 꽉 물었다.

"으악!! 애들아 살려줘!"

나는 심해로 끌려 들어가면서 구조요청을 했다. 아이들은 모두 작살을 가지고 나를 구하러 들어온다. 하지만 이미 괴물에게 물려 좀비 바이러스에 감염된 나는 아이들을 공격하기 시작한다. 아이들은 필사적으로 공격을 피해 뭍으로 도망간다.

여름이 되면 아이들과 함께 학원 뒤편에 있는 지하주차장 입구에 간다. 차가 올라오지 않을 때 이곳은 심해 바다가 된다. 아이들은 자신이 만든 작살과 동그란 휴지심 두 개를 붙여 만든 산

소탱크를 등에 맨 뒤 보안경을 착용하고 심해 다이버가 된다. 선생님과 다르게 아이들은 자신이 진짜 심해에 들어가는 것처럼 표정이 사뭇 진지하다.

▲ 어른들에게는 차들이 오고가는 입구지만 아이들에게는 괴물이 사는 심해 동굴이자 탐험장소가 된다.

아들은 살아가기 위한 훈련으로 이야기를 만들어낸다

이야기를 통해 친구들과 팀워크 훈련을 한다

아이들이 살아가기 위해 이야기를 한다고 말하면 코웃음 치는 어른들이 있다. 그저 즐거움을 위해, 시간을 때우기 위해 이야기를 지어낸다고 생각한다. 어떤 부모들은 자신의 아이가 너무나 말이 많고 이야기를 잘 지어내서 오히려 거짓말을 잘하게 될까봐 걱정한다. 《스토리텔링 애니멀》의 저자 조너선 갓셜은 '이야기는 인간의 문제를 시뮬레이션하는 데 특화된 아주 오래된 가상현실 기술'이라고 말한다. 심리학자이자 소설가인 키스 오틀리는 '이야기는 인간 사회생활의 모의 비행장치'라고 했다. 모의 장치를 통해 비행의 다양한 상황을 경험해야 안전한 비행을 할 수 있는 것처럼 이야기는 사회생활을 안전하게 헤쳐 나갈 수 있게 도와준다고 한다.

아이들은 불확실하고 위험한 세상에 살아남기 위해 이야기를 만들어낸다. 언젠가 자신 앞에 벌어질지도 모르는 위험을 대비해 이야기를 이용해 훈련한다. 훈련 장소는 '아이들의 상상력이 허락하는 모든 곳'이다. 수업 중 한 아이가 책상에 올라가 "지금부터 여기는 배 안이야! 그리고 지금 엄청난 폭풍이 몰려오고 있어!!"라고 소리 지르면 나머지 아이들은 일사불란하게 책상 위로 올라간다. 누군가 교실 불을 빠르게 껐다 켰다 하면서 폭풍우 상황을 연출한다. 나는 유일한 관객으로 아이들을 관찰한다. 이때 아이들은 자연스럽게 긴급 상황에서 무엇을 할지, 어떤 감정을 느끼는지 훈련한다.

이번에는 바닷가가 아닌 기분 나쁜 숲속으로 변한다. 선생님이 좀비로 변해 교실로 들어오기 전 아이들은 회의를 한다.

"(나이 어린 동생에게) 넌 일단 숨어있어. 내가 먼저 괴물을 공격할 거야."

"일단 다들 숨어있다가 선생님이 가까이 오면 공격하는 거야."

"너는 선생님이 가까이 오면 뒤쪽을 공격해. 나는 앞을 공격할게."

마치 원시인들이 매머드를 사냥하기 위해 즉석에서 작전을 짜는 것처럼 보인다. 이때 아이들은 팀워크를 훈련한다. 선생님이 문을 두들기고 들어가면 아이들은 '자신들이 만들어낸 상황' 속으로 들어간다. 영화가 시작된 것이다. 불을 끄고 모두 책상 아래로 숨는다. 선생님인 나는 좀비가 돼 아이들을 잡아먹기 위해 기분 나쁜 소리를 내며 다가온다. 한 아이가 먼저 싸우기 위해 책상에서 나온다. 그러자 다른 아이들도 소리를 지르며 튀어나온다. 결국에는 원시 사냥꾼들의 손에 잡혀 쓰러지는 매머드처럼 선생님은 항복하고 만다.

이야기를 잘 만들어내는 아이가 사회생활을 더 잘한다
이야기를 통해 상대방의 감정을 잘 알게 된다

이야기가 풍부한 아이는 그렇지 않은 아이에 비해 사회성이 높다. 실제로 키스 오틀리, 레이먼드 마 등 심리학자들은 조사를 통해 소설을 즐겨 읽는 사람이 실화를 즐겨 읽는 사람보다 사회성이 뛰어나다고 결론지었다. "해일이 몰아치거나 외계인이 침투하는 이야기가 현실에 무슨 쓸모가 있을까?"라고 의문을 품는 사람도 있을 것이다. 이것을 설명하려면 우리 머릿속을 먼저 들여다봐야 한다.

1990년대 이탈리아의 신경 과학자들은 우리 머릿속에 "따라쟁이"가 있음을 발견했다. 뇌에는 상대방의 감정이나 표정, 행동을 그대로 따라 하는 부분이 있다. 그들이 발견한 '거울뉴런'은 상대방의 눈에 보이는 행동뿐만 아니라 감정까지 그대로 따라 하고 경험케 해준다. 슬픈 영화를 볼 때면 스크린 속 배우의 눈물이 곧 내 눈물이 되고 강자가 약자를 괴롭히는 영화를 보면 정의감에 불타오른다. 실제로 기능성 자기공명 장치(fMRI)로 뇌를 관찰하면 스크린 속 배우의 감정에 따라 관객의 뇌도 동일한 감정을 느낀다.

런던 유니버시티 칼리지 연구진은 스크린 속 사람을 닮은 캐릭터에 고문을 가하는 실험을 진행했다. 참가자들은 가짜 인물이라는 것을 알고도 생리적으로 스크린 인간과 동일한 반응을 보였다. 이것을 공감대라고 부른다. 공감대가 넓은 사람일수록 상대방의 고통이나 힘든 점을 잘 느낄 수 있다. 이는 곧 아이의 사회성과도 연결된다. 상담하면서 외동이라 자신만 생각하는 아이, 귀하게만 커서 버릇없게 구는 아이에 대한 고민을 많이 접할 수 있었다. 이 아이들의 공통점은 주로 자신의 입장에서 생각하고 말하는 것이다. 색연필이나 도구를 다른 친구들이 사용하고 있어도 그냥 가져가버리는 아이, 자신의 것을 만들기 위해 친구의 것을 함부로 부숴버리는 아이 등 자기 입장을 먼저 생각하는 아이들이 있다. 이때 가장 효과적인 방법은 '거울 보여주기'다. 자신의 작품을 다른 사람이 부수거나 재료로 사용하려고 하면 아이는 화를 낸다. 그 전에는 왜 양보해야 하는지 모르던 아이도 자신이 직접 무례함을 당해보면 '남에게 대접받고자 하는 대로 너희도 남을 대접하라'는 황금률을 체득하게 된다. 이처럼 거울 뉴런에 의해 우리는 다양한 상황에서 자신과 대상을 일치시킨다. 이러한 모습을 통해 이야기에서 제시된 문제를 해결하는 데 집중하다 보면 현실 문제 대처 능력도 향상된다.

이번에는 거울신경 효과를 좀 더 배가시키는 법을 알아보자. 얼마나 상황에 집중하느냐에 따라 효과는 두 배, 세 배, 열 배가 될 수도 있다. 아이들의 이야기 세계에선 일종의 규칙이 있다. 바로 '말한 사람이 먼저 진지하게 임하는 것'인데, 지금 상황이 비록 가짜라고 해도 자신이 먼저 진짜처럼 행동하기로 약속하는 것이다. 스토리텔링이 풍부한 아이들은 현실과 가상의 사이를 모호하게 만든다. 자신이 진짜 선장이라도 된 것 마냥, 교실이 아니라 바다 한가운데 서있는 것마냥 몰입한다. 그러면 구경하던 다른 아이들도 어느 순간 바닷속을 항해하고 있다. 이야기 속에 동참하기로 한 것이다.

필자는 미술 교사가 되기 전 주일학교에서 교사로 10년간 봉사한 경험이 있다. 이때 깨달은 것도 선생님이 먼저 몰입해야 다른 아이들이 신나게 따라온다는 사실이다. 만약 선생님이 조금이라도 지루한 표정을 하면 아이들은 귀신같이 눈치채고 다른 게임을 찾는다. 자신이 먼저 진지하게 몰입하는 것이 중요하다. 이 사실은 우리 삶에도 그대로 적용된다. 내가 먼저 행복해야 남도 행복해진다. 타인을 위한 무조건적인 희생은 타인도 원치 않는다. 아이들은 꾸준히 우리에게 당신이 기쁘지 않으면 우리도 기쁘지 않다는 진리를 말하고 있다. 여기서 한 가지 궁금증이 생긴다. 우리가 아이들처럼 이야기 속에 빠져 살면 어떻게 될까?

이야기에 푹 빠진 어른들

아이든 어른이든 모두 이야기 속에서 살아간다

이야기에 몰입하는 건 비단 아이들뿐만이 아니다. 어른들도 피터 팬처럼 네버랜드를 꿈꾼다. 어른들도 게임 속의 주인공으로 대마왕을 물리치고 으리으리한 성을 차지하고 싶어 한다. 게임 속 캐릭터에 푹 빠지다 보면 어느 순간 캐릭터의 겉모습부터 시작해 그의 성격, 말투까지 따라 하고 싶어진다. 게임이나 영화 속 캐릭터와 똑같은 복장을 입는 것을 Costume Play(코스튬 플레이), 흔히 코스프레라고 부른다. 예전에는 소수의 마니아층에서만 존재하던 문화였지만 현재는 전 세계적인 문화 중 하나가 됐다. 그 예로 미국 샌디에이고에서 열리는 '코믹콘'은 전 세계에서 수십만 명의 사람들이 참여하는 축제다. 일본의 '코미케'는 백만 명이 넘는 사람들이 참여하기도 한다. 더 나아가 넓은 들판에서 판타지 전쟁도 벌인다. 이런 활동을 LARP(Live action role-playing game) 부르는데, 무기를 갖고 서로 원하는 종족으로 코스프레를 한 후 실제 전투를 벌이는 것이다. 물론 다치거나 죽는 일은 없지만 서로 진심으로 싸우고 마법사는 주문을 외운다. 어른들도 아이들 못지않게 이야기 속으로 들어가는 것을 좋아한다.

아직도 아이들이 교실 속에서 즐기는 '폭풍우 속의 배' 놀이나 어른들의 판타지 세계가 모두 현실 도피적으로 보이는가? 이야기가 주는 유익은 삶의 시뮬레이션, 예행연습이 주는 유익과 같다. 뇌 속의 거울 뉴런 덕분에 우리는 가상현실 속 주인공의 감정을 고스란히 느끼며 기뻐하고 눈물까지 흘릴 수 있다. 주인공이 소원을 성취했을 때 우리는 카타르시스를 느끼며 쾌감 상태에 빠진다. 이러한 쾌감은 우리 삶에 긍정적인 영향을 끼친다. 위인전을 보고 삶의 터닝포인트가 되거나 영화 속 주인공을 동일시하며 살아갈 용기를 얻는다.

반대로 '두려운 이야기' 속에 살아가는 사람들도 있다. 일본의 경우 사회적인 관계를 단절한 채 인터넷으로만 관계를 맺는 일명 '히키코모리'가 심각한 문제가 되고 있다. 이미 우리나라에도 '은둔형 외톨이'로 사는 사람이 30만 명을 넘어섰다고 한다. 대부분 인간관계에서 큰 상처를 받거나 거듭되는 취업 실패나 부도 등으로 자존감이 극단적으로 내려간 상태다. 심리치료사들의 역할은 이러한 사람들이 가지고 있는 이야기를 좀 더 긍정적인 이야기로 변화시키는 것이다.

예일대학에서 베트남전에서 포로로 잡혀 고문당하다 탈출한 군인을 대상으로 심리치료를 진행한 적이 있다. 처음에 그들은 자신이 당한 고통에 집중하며 절망했다. 하지만 자신이 포로생활에서 겪은 고통을 성장체험이라는 관점에서 바라보라고 설득하자 그들은 고통 가운데서도 분명 얻은 것이 있다고 했다.

여러분은 어떤 이야기 속에 속해있는가? 자신이 만들어낸 해피엔딩이 기대되는 이야기 속에 있는가, 아니면 밑도 끝도 안 보이는 어두컴컴한 동굴이 이어져 있는 이야기 속에 있는가? 아니면 그저 쳇바퀴 속 다람쥐 같은 밋밋한 이야기 속에서 살아가는가?

우리는 각자 삶의 이야기를 써내려가는 스토리텔러다
이야기의 끝은 모르지만 적어도 삶의 장르와 방향은 정할 수 있다

아이들의 즉흥적인 이야기, 연극을 보고 있노라면 단순히 그들이 현실에서 도피하기 위해, 그저 즐거워하기 위해 하는 것이 아님을 알게 된다. 아이들은 이미 이야기의 힘을 믿고 자신의 이야기가 곧 자신의 삶이 되는 것을 알고 있다. 이미 자신의 삶을 적극적으로 써내려가고 있는 것이다.

우리들의 이야기에는 어떤 의미가 있는지 생각해본 적 있는가. 이야기 속 주인공이 다른 사람으로 바뀌어 있지는 않는가?

이야기를 온몸으로 써내려가는 사람은 오직 나 자신이다. 이야기의 끝은 아무도 모르지만 적어도 방향과 장르는 정할 수 있다. 실패한 이야기의 주인공이 될지 역경을 극복한 주인공이 될지는 바로 나에게 달려있다.

아이들은 성장하기 위해 실패를 이용한다

자신의 첫걸음마를 기억하는가? 우리가 처음 엄마를 발음하고 처음 세상을 향해 두 발로 걸었을 때 우리는 어떤 생각을 하고 있었을까?

'드, 드디어 성공했다!'

라고 생각하지는 않을 것이다. 노력해서 처음으로 두 다리로 일어났다는 사실, 그리고 환호하는 엄마와 아빠의 표정, 자유롭게 걸을 수 있는 원초적인 기쁨이 나를 감쌌을 것이다. 절대 '내가 걷기 위해 얼마나 많은 실패를 겪어야만 했나'라는 생각은 하지 않았을 것이다. 왜냐면 그때의 나는 '실패'라는 것을 모르기 때문이다. 실패는 교육을 통해 습득되는 개념이다. 그 전에 성공과 실패는 우리에게 존재하지 않았다.

너무나 무분별하게 쓰이는 성공과 실패
목표를 위해 계속 걸어가고 있다면 실패가 아니다

'성공적인 학교 / 직장생활'

'성공적인 아침기상'

'성공하는 사람들의 습관'

우리 주변에는 성공이란 단어가 너무나 많이 쓰인다. 성공적인 육아를 통해 아이의 삶을 성공적으로 만들어야 하고 성공적인 학교생활을 해야 대학 진학에 성공할 수 있다. 직장생활에서도 성공해야 하며 나중에는 성공적인 노년을 보내야 한다. 성공과 항상 동전의 양면같이 따라다니는 것이 있다. 바로 실패다. 실패는 모든 사람이 꺼리고 피하려 한다.

교육학자 존 홀트는 "본디 성공이란 단어는 퀴즈나 게임의 미션처럼 명확한 구분선이 있을 때 사용할 수 있다"고 했다. 예를 들어 '이번 시험은 90점을 넘겠다'라고 했는데 89점을 받으면 실패한 것이다. 하지만 계속해서 90점을 맞기 위해 노력하고 어느 순간 90점을 맞았다면 실패가 아니다. 단지 성공이 지연된 것뿐이다.

대부분 뭔가 일이 생각보다 안 되면 "아, 실패했네"라고 말한다. 명확한 구분선 없이 단지 시도했는데 되지 않으면 실패라고 생각한다. 일상의 대부분은 시험이나 퀴즈처럼 명확한 구분이 없다. 피아노를 연습할 때도 반복 연습을 하면 능숙해질 수 있다. 하지만 그 전까지는 실수하는 것일 뿐 실패한 것이 아니다. 인간관계에서도 실수나 갈등은 있지만 좋은 관계를 위한 시도가 있을 뿐이지 실패한 것이 아니다. 목표를 위해 계속 걸어가고 있다면 실패란 단어를 사용하면 안 된다. 실패란 단어는 성공을 위한 일시정지 상태라고 생각하자. 아이는 미술을 하면서 실패를 마치 도구처럼 자유롭게 사용한다. 아이들에게 실패는 성공을 가로막는 장애물이 아닌 성공을 위한 자연스러운 과정 중 하나일 뿐이다. 아이들이 의도적으로 실패를 이용하는 사례를 살펴보자.

더 많은 정보를 얻기 위해 아들은 실패한다

정답도 실패도 하나의 경험으로 받아들인다

심리학자 피아제는 아동 인지 발달론에서 아이들은 선택적 사고를 통해 배워간다고 말한다. 예를 들어 눈앞에 있는 사과를 놓고 “이 과일이 무엇이니?”라고 물으면 당연히 “사과에요”라고 말한다. 하지만 종종 아이들은 일부러 “레몬 아닌가요?”라고 말하거나 “이건 똥이에요”라고 깔깔대며 장난치기도 한다. 정답을 알고 있는데도 일부러 실수함으로써 다른 결과를 말했을 때 어떤 일이 일어나는지 새로운 정보를 얻는 것이다. 물어본 어른이 화를 내며 “두 번 다시 장난치지 말라”라고 하는 순간 아이들은 겁을 먹고 배움을 멈춘다. 하지만 “그런가? 사실은 살아있는 과일 외계인이야”라고 이야기를 확장한다면 아이들은 배움을 계속할 것이다. 특히 남자아이들은 일부러 잘못된 답을 말하면서 웃음이나 다른 반응을 기대한다.

수업 때에도 항상 선생님이 가르쳐준 방법이 아닌 반대로 하는 소위 ‘청개구리’ 아이가 있다. 그런 아이들은 도구와 재료를 전혀 다르게 사용해보면서 새로운 사용법을 발견하기도 한다. 만약 어른에게 눈앞에 있는 과일을 물어본다면 정답만을 이야기할 것이다. 성인은 자신이 정답을 말한 것, 즉 성공함으로써 그 자리에 남아있기를 원한다. 그러나 아이들은 그것으로 만족하지 않는다. 다른 결과를 얻기 위해 다양한 시도를 한다. 정답도 실패도 하나의 경험으로 받아들이기 때문이다. 수업 때도 아이들은 일부러 실패한다. 빨간색을 칠하라고 하고 뒤돌아보면 온갖 색을 다 섞어서 말로 표현할 수 없는 반죽을 만들어놓는다. “왜 빨간색으로 안 칠했어?”라고 물어보면 “그냥 궁금해서요. 어떤 색이 나오는지 궁금해서 계속 섞어봤어요"라고 말할 뿐이다.

어른들로부터 자유로워지기 위해 실패한다

주변의 과도한 기대를 무너뜨리기 위해 반항하고 일부러 실패한다

"부담 갖지 말고 제일 좋아하는 거 그려볼래?"

"예. 한번 그려볼게요."

이후에 아이는 굉장히 거친 선들로 흰 도화지 전체를 채웠다. 그리고는 나를 보며 "다 그렸어요. 이제 됐죠?"라고 약간은 짜증 난 듯한 목소리로 말했다. 아이는 애초에 미술학원에 오기 싫어했다. 하지만 엄마가 거의 반강제로 끌고 오는 바람에 억지로 교실에 들어온 것이었다. 그리기 자체를 끔찍이 싫어하는 아이였다.

학교에서 그리기를 못하면 방과 후에 남아서 그려야만 했다고 한다. 아이는 아무렇게나 선을 휘갈기고 나서야 당황한 선생님을 뒤로하고 학교를 빠져나올 수 있었다. 어떤 아이는 도화지 한가운데에 단순한 삼각형을 그렸다. 시간이 지나도 자신은 이것밖에 그리지 못한다고 했다.

나는 아이를 다그치지 않고 내가 그린 공룡으로 아이의 삼각

형과 싸우기 시작했다. 아이는 생각보다 이 놀이가 재미있다는 것을 알자 한 번 더 게임을 하자고 했다. 도화지를 뒤집자 비로소 아이는 전쟁 무기를 그리기 시작했다. 나는 애써 놀란 표정으로 하고선 "뭐야! 그림 못 그린다며?!" 하고 말하자 순순히 "사실 뻥이에요. 우리 엄마가 저 탱크 그리는 거 보면 질색하거든요"라고 고백한다.

이런 사례는 의외로 흔하다. 일부러 자신을 '전혀 그리지 못하는 아이'로 인식하게 해서 부모님이 '이 녀석에게 그리기를 시키지 말아야지'라는 생각을 갖게 하는 것이다. 그 결과 아이는 자유를 얻는다. 하기 싫은 일을 엉망으로 처리해서 "그럴 거면 차라리 하지 마!"라는 말을 듣는 것이 목적이다. 주변의 과도한 기대를 의도적으로 무너뜨림으로써 자신을 좀 더 자유로운 상태에 두는 것이다.

실패해야 선생님 말을 듣는다
부모도 아들이 실패할 때까지 놔두는 용기가 필요하다

아이는 자신이 하고 싶은 대로 하다가 작품이 엉망이 됐을 때 선생님을 찾는다. 이때를 위해 아이를 그저 두고 보기도 한다. 특히 주도성이 강한 아이들은 고집도 세서 처음부터 개입하면 엇나가기 일쑤다. 분명 엉망이 될 것 같은 작품을 볼 때도 강제로 개입하기보다는 기다리는 것이 좋다. 선생님의 도움을 받는 순간 자신의 것이 아니라고 느끼기 때문이다.

그러다 예상대로 작품이 점차 엉망이 되면, 그제야 아이들은 당황한 얼굴로 나를 바라본다.

'드디어 마음의 문이 열리는구나'

이때의 아이는 눈빛이 다르다. 선생님의 말 한마디 한마디를 가슴 깊이 듣고 새긴다. 내가 하라는 대로 귀신같이 움직인다. 마치 갓 입사한 신입사원처럼 긴장하며 재빠르게 움직인다. 만약 아이가 항상 이런 자세로 배운다면 우리의 교육과정은 12년이 아니라 3~4년 안에 끝날 것이다.

상담을 하면 항상 부모님에게도 "아들이 실패할 때까지 관찰할 수 있는 용기가 필요합니다"라고 한다. 대부분 부모님은 아들의 실패를 자신의 실패라고 생각하기에 '온실 속의 화초'처럼 다루는 경우가 많기 때문이다.

그러나 실패를 멀리하는 순간 성장은 더뎌진다.

결국 실패는 성장을 위한 도구에 불과하다

실패가 아닌 성공을 위한 재료를 얻었다고 생각하자

실패는 아이들에게 하나의 도구일 뿐이다. 실패가 수치스럽고 창피한 것이라는 인식은 어른들로부터 평가받기 시작하면서 탄생한다. 시험점수는 아이의 가치로 환산되며 낮은 점수는 곧 실패한 학생을 의미한다. 부모들도 자신의 삶을 내려놓고 아이의 교육에 모든 것을 투자한다. 심지어 기러기 아빠가 되면서까지 자식에게 모든 삶을 양보하기도 한다. 뉴스에 나오는 일들은 우리를 씁쓸하게 한다. 어머니의 과도한 교육열에 옥상에서 뛰어내린 아이, 외롭게 기러기 아빠로 생활하다 이혼한 가정 등은 실패를 극도로 두려워해서 나타나는 현상이다.

이젠 아이들처럼 실패를 적극적으로 이용하자. 지금까지의 삶은 누군가가 그어놓은 선을 기준으로 아래로 가면 실패, 위로 올라가면 성공이었다. 오직 다른 사람의 평가와 시선에 의해 내 삶의 성공과 실패가 결정된 것이다. 그 선을 아예 없애버려야 한다. 삶에는 실패가 없다. 단지 목표에 다다르기 위한 과정에 불과할 뿐이다.

부담스러운 업무를 피하기 위한 실패는 어떨까? 솔직하게 못 하는 일은 못 한다고 말할 수 있어야 한다. 때로는 아이들처럼 더 많은 경험을 위해 실패를 해보는 것은 어떨까? 일부러 가보지 않은 길로 출근하거나 상대방의 뻔한 질문에 다르게 대답해보는 것이다. 내가 기대한 것만큼 되지 않은 일을 마주칠 때마다 걸음마를 배우는 아이나 자전거를 처음 배웠던 때를 생각해보자. 계속해서 넘어져도 실패했다는 생각 대신 '왜 안 되지? 다시 해볼까?'라고 생각하는 자세가 중요하다. 중요한 것은 실패가 아닌 성공을 위한 재료를 얻었다고 생각하는 것이다.

"넘어질 때마다 뭔가를 주워라."

-오스왈드 에이버리-

PART. 4

아들과 함께 채워나가는 버킷리스트!

비밀기지 만들기

"비밀기지라는 말에는
어른도 아이로 만드는 특별한 힘이 있습니다."
-구본준(건축 칼럼니스트)-

어릴 적 아파트 지하실은 우리만의 아지트였다. 계단을 내려갈 때마다 가슴이 두근거렸다. 어두컴컴한 아래에서 무언가 튀어나올 것 같은 불안감과 기대감이 뒤섞여있기 때문이다. 불안감을 억누르고 끝까지 내려가선 친구가 가져온 자그마한 플래시를 켜고서 만화책을 읽기도 하고 팽이를 치기도 했다. 이따금 경비 아저씨가 순찰하는 소리를 들으면 바닥에 웅크려 숨어있었다. 계단 사이로 어스름하게 노을빛이 들어오면 내일 또 만나기로 약속하고 집으로 돌아갔다. 지금도 우연히 지하실의 먼지 냄새를 맡으면 그 시절이 떠오르면서 왠지 모르게 가슴이 두근거린다.

비밀기지에 관한 이야기를 상담 때 물어보면 의외로 많은 분이 자신만의 비밀기지를 가지고 있었다고 말한다. 한 아버지는 어릴 적 친구들과 함께 직접 비밀기지는 물론 비밀기지 위치가 있는 '작전지도'도 만들었다고 한다. 어떤 아버지는 전쟁이 일어나 친구들끼리 헤어지면 나중에 비밀기지에 다시 모이자고 맹세하며 물이나 라면을 숨겨놨었다고 한다. 어머니께도 물어보면 어릴 적 부모님께 혼나고 커튼 뒤 작은 공간이나 장롱 속에 숨곤 하던 추억을 들려주신다.

수업 때 잠깐 자리를 비우면 아이들은 책상 아래에 숨는다. 애써 불안한 표정으로 아이들을 찾는 선생님을 놀래키는 것에 행복을 느끼는 것 같다. 선생님과 싸울 때도 책상 아래에서 작전회의를 한다. 교실에서도 자기만의 비밀기지를 만드는 아이들이라면 어떤 곳에서도 창의성을 발휘할 것이다.

일본에서는 부모의 어릴 적 추억을 자식과 함께 즐기는 놀이가 유행이다. 한 비밀기지 마니아는 직접 '일본기지학회'라는 단체를 만들었다. 《비밀기지 만들기》의 저자 오카다 다카히로 씨는 1988년부터 협회를 만들어 수많은 비밀기지를 조사하고 부모와 아이와 함께 즐길 수 있는 비밀기지 만들기를 지원하고 있다. 우리도 생각해보면 어릴 적에 누구나 자기만의 공간이 있었고 그 안에 소중한 장난감을 숨겨놓곤 했다. 비록 어른들에게 발각돼서 철거당하는 아픔이 있기도 했지만 '나만의 공간'이라는 매력은 모든 사람에게 적용된다. 이제 그가 말하는 비밀기지의 필수 요소를 알아보자.

비밀기지에는 세 가지 '사이 간(間)'이 필요하다
공간(空間), 시간(時間), 동료(仲間)

첫째, 공간(空間)이 필요하다.

비밀기지의 원칙은 비밀성이다. 누구나 다 볼 수 있는 곳에 만들면 의미가 없다. 장롱 안, 계단 뒤 비좁은 공간 등 사각지대(dead space)를 찾아야 한다. 단, 철조망처럼 날카롭거나 비가 오면 잠겨버리거나 너무 외딴곳은 위험하니 조심해야 한다. 가장 중요한 것은 일상에서 찾는 것이다. 멀리 가지 않더라도 쉽게 눈에 띄지 않는 장소를 찾는 과정에서 더 많은 추억이 쌓인다. 아이와 함께 다른 사람이 모르는 둘만의 장소를 찾아보자.

둘째, 시간(時間)이 필요하다.

직장인에게 가장 힘든 것은 시간을 내는 일이다. 평일 야근은 물론 주말 출근이 잦은 회사라면, 몇 시간조차 아이에게 할애하기 힘든 것이 현실이다. 사실 시간만 있으면 비밀기지는 얼마든지 만들 수 있다. 한 달에 한 번이라도 아이와 함께 비밀기지를 만들 시간을 내보도록 하자.

셋째, 동료(仲間, '나카마'라고 발음하며 일본어로 동료, 친구를 뜻함)가 필요하다.

모든 일은 혼자보다 함께하면 규모가 커지기 마련이다. 부모는 아이가 사용할 수 없는 전문 공구와 무거운 자재의 활용이 가능하다. 특히 아버지가 아들과 함께한다면 야외나 더 깊숙이 숨겨진 장소를 발견할 수 있다. 무엇보다도 함께 비밀기지를 만드는 사이 아버지와 아들 사이에 끈끈한 동료애가 형성된다는 게 가장 큰 장점이다.

실전! 비밀기지 만들기!
평범한 재료에서 창의력은 솟아난다

가장 쉽고 안전한 장소는 집이다. 소파에 이불을 덮고 양쪽 끝에 빗자루나 막대기로 기둥을 설치하면 공간을 만들 수 있다. 장롱 안에 옷 대신 이불을 깔면 특별한 장소로 사용할 수 있다. 커튼 뒤에 작은 공간을 만드는 것도 좋다.

야외에서도 임시로 비밀기지를 만들 수 있다. 단독 주택이라면 옥상에 미니텐트를 꾸며서 만들어 함께 야영하는 것도 좋은 추억이 된다. 혹시 재료비가 부담되거나 무엇으로 해야 할지 고민되는가? 비밀기지를 만드는 데 있어서 중요한 것은 비용이 아니라 창의력이다.

"인간은 누구나 창의력을 가지고 있다.
그런데 그 창의력이라는 것은
모든 것을 손에 쥐고 있을 때 발휘되지 않는다.
오히려 가진 게 아무것도 없을 때 처음으로 얼굴을 내민다."
-《비밀기지 만들기》 중에서-

근처에 공터가 있다면 폐자재로 간단한 공간을 만들어보는 것도 좋다. 실제로 폐자재를 활용한 모험 놀이터도 존재한다. 1943년 덴마크 코펜하겐 교외에 만들어진 '엔드랩(Emdrup) 폐자재 놀이터'는 깨끗한 놀이터가 아닌 토관, 폐타이어, 목재를 이용해 만든 곳이다. 이후 폐자재를 활용한 놀이터가 크게 각광받으면서 유럽 전체에 1,000여 개의 플레이 파크가 생겨났다.

이렇게 규격화된 재료가 아닌 주변의 각종 폐자재를 활용해 자기만의 공간을 만드는 과정에서 자기주도성과 창조성이 발달한다. 특히 무겁고 다루기 힘든 재료를 부모와 함께 가공하는 과정에서 아이는 어른의 새로운 역할을 발견할 수 있다. 평소 집안일이나 회사만 왔다 갔다 하는 부모님의 새로운 발견할 때, 아들의 놀라움과 즐거움은 배가된다.

웃긴 애니메이션 만들기

어릴 적 교실에 이런 친구 한 명쯤은 있었을 것이다. 교과서 모퉁이에 한 장 한 장 독특한 애니메이션을 그리는 친구 말이다. 첫 페이지부터 마지막까지 세밀하게 졸라맨이 변신하는 과정을 그린 후에 넘기면 자연스럽게 2~3초 애니메이션이 완성된다. 한 장 한 장 그리는 작업이 쉽지는 않지만 완성된 결과물이 신기해서인지 너도나도 그렸던 기억이 난다. 사실 이 놀이는 이미 과거부터 애니메이션의 기초교육으로 활용됐다. 'Filpbook Animation'이라고 하는데 작은 수첩 페이지마다 한 컷씩 그려 만드는 것이다. 인터넷에서 Filpbook으로 검색해보면 기상천외한 작품이 많이 나온다.

플립 북(Flip book) 애니메이션을 만들어보자
어릴 적 교과서 구석에 그리던 졸라맨을 만나는 시간

수업할 때 그리기도, 만들기도 싫어하는 아이들이 있다. 스토리텔링이 풍부하지만 만들기도 부담스럽고 잘 그려야 한다는 압박감을 가진 친구도 있다. 그런 아이들에게 작은 수첩에 졸라맨을 그린 후 애니메이션으로 만드는 작업은 좋은 자극이 된다. 비싼 재료도 필요 없다. A4용지를 5~6번 접어 손바닥 안에 들어오는 크기로 자른 뒤에 스테이플러로 찍어 작은 수첩으로 만들면 준비 끝이다.

만약에 그리기가 번거롭다면 아이패드나 안드로이드 탭을 활용하는 방법도 있다. Folioscope 앱은 안드로이드, IOS 모두 호환된다. 사용법도 굉장히 간단해서 아이들도 금방 익힐 수 있다. 펜과 지우개, 이전 그림을 복사할 수 있는 기능을 제공하는데, 터치스크린 전용 펜이나 손가락을 이용해서 졸라맨처럼 간단한 캐릭터를 움직이는 것부터 시작하면 된다.

수업 때 내가 직접 '똥을 싸는 아이'를 그려 시범을 보이자 다들 웃으며 시작할 수 있었다. 어떤 아이는 괴물로 변해 도시를 파괴하거나 히어로 변신 장면을 그리기도 했다. 그림을 그리는 부담이 확 줄어서인지 수업 때 모든 아이가 애니메이션을 그리기를 원했다.

애니메이션을 만들어보면 아이들이 선생님보다 금방 사용법을 익히고 연출에 대한 뛰어난 감각을 보여준다. 아이들이 직접 스토리를 짜고 화면 구성하는 것을 보면 대학 때 부전공으로 배우던 연극영화과 수업보다 더 효과적으로 학습하는 것이 보인다. 예를 들어 '작은 사람이 거인이 돼 비행기와 세계를 부순다'라는 짤막한 내용을 만들기로 하면 아이는 구상에 들어간다. 작은 사람이 커지면서 사람 주변에 어떤 그림을 넣어줘야 점점 커지는 걸 보여줄 수 있는지, 비행기를 부수면 비행기가 어떻게 조각나서 떨어지는지 등 다양한 관점으로 그림을 그리게 된다. 생각대로 만화가 완성되면 모든 아이와 함께 웃는다.

이것은 칭찬받기 위한 그리기와는 깊이가 다르다. 친구들과 함께 낄낄대며 웃는 것이 선생님이나 부모님께 칭찬받는 것보다 더 와 닿고 즐겁기 때문이다. 그래서 한번 애니메이션을 그려본 아이는 틈날 때마다 이야기를 구상한다. 이제 집에서 직접 아빠와 함께 다양한 이야기를 그려보는 것은 어떨까? 짤막하고 부담스럽지 않은 이야기를 그리며 그림에 대한 즐거움과 아버지와의 즐거운 추억도 쌓을 수 있을 것이다.

아버지와 함께 만드는 전자오락

필자는 어릴 적 아버지와 함께 게임을 많이 했다. 주말 저녁 어머니와 누나는 잠들고 나와 아버지는 밤늦게까지 어두운 거실에서 게임을 했다. 항상 서로 번갈아가면서 게임 속 캐릭터 레벨을 올리곤 했다. 한번은 대마왕을 물리치는 것이 너무 어려워서 패드를 집어 던지고 먼저 잠이 들었다. 다음 날 아침 거실로 향하자 게임기 근처에 누워 잠들어있는 아버지와 TV에는 대마왕을 물리친 직후 정지된 게임 화면을 볼 수 있었다. 아버지는 대마왕을 깨기 위해 새벽 내내 게임을 반복하고 나에게 보여주려고 게임을 멈춰둔 것이다. 그 일은 평생 잊지 못할 소중한 추억인 동시에, 아들을 위해 사소한 것도 놓치지 않는 아버지가 돼야 한다는 멋진 가르침을 남겨줬다.

"선생님, 우리 애가 매일 게임만 해서 화가 나요."
"매일 스마트폰만 잡고 있어서 애 아빠가 엄청 혼냈어요."

상담하며 흔히 듣는 사연 중 하나다. 예나 지금이나 게임이라는 건 아이들, 특히 남자아이를 푹 빠지게 해 부모님의 골칫거리가 된다. 무엇보다 가장 큰 문제는 '혼자 게임하는' 아이들이 늘어나는 것이다. 맞벌이 가정이 늘어나면서 혼자 방치되는 아이들이 늘고 있다. 그러면 아이는 스마트폰으로 유튜브나 혼자 시간을 보낸다. 부모님 입장에서도 피곤한 몸을 이끌고 집에 왔는데 아이들에게 남은 에너지를 쥐어짜가며 놀아주는 것보단 스마트폰을 쥐여주는 게 더 편할지도 모른다. 이러는 사이 아이들은 우두커니 홀로 게임하는 시간이 늘어나고 어느 순간 부모보다 캐릭터를 바라보는 시간이 더 많아진다.

그렇다고 무조건 게임을 못하게 하면 안 되고, 대안을 제시해줘야 한다. 게임에만 매달려있는 아이들을 보다가 어느 날 이런 생각이 들었다.

'까짓것, 직접 게임을 만들어보면 어떨까? 그림도 그리고 게임도 하고 일석이조 아닌가?'

Draw your game(IPAD/ANDROID)을 이용해 게임 만들기
스마트폰에 푹 빠진 아들을 게임 개발자로 만들어보자!

아이들과 함께 게임을 만들어보고자 당장 자료조사를 시작했다. 곧 직접 그린 그림을 게임으로 변환시켜 주는 앱을 찾을 수 있었다. Draw your game은 자신이 종이 위에 그린 그림 속에서 주인공이 이동과 점프를 하면서 게임을 할 수 있게 만든 앱이다.

원리는 간단하다. 앱은 검정, 빨강, 녹색, 파랑 네 가지 색을 인식하는데, 검정은 일반적인 길이나 벽, 주인공이 돌아다닐 수 있는 길을 만든다. 빨강은 적이다. 주인공이 닿는 순간 죽기 때문에 악마나 용을 그린 후 주인공이 피해가도록 해야 한다. 녹색은 점프대인데 트램펄린을 생각하면 편하다. 파랑은 슈퍼마리오의 벽돌 개념이다. 주인공이 점프해서 없앨 수 있다.

처음에는 수업 시작 전 간단한 몸풀기 정도로 시작했는데 효과가 생각보다 좋았다. 직접 디자인한 그림으로 게임을 할 수 있다는 게 신선한 충격이었는지 아이들이 진지하게 그림을 그리기 시작했다.

특히 그림 그리기 싫어하거나 수업 때 게임 이야기만 하는 아이들에게 열광적인 지지를 받았다. 그림 따위는 절대 그리지 않겠다고 맹세한 아이도 게임 만들기 시간에는 작은 네임펜으로 세밀하게 통로와 함정을 그렸다. 스토리텔링이 풍부한 아이들은 주인공이 어디서 함정에 빠지는지 설계하는 모습도 보여줬다.

가장 흥미로운 것은 아이들 사이에서 발생하는 '게임 공유' 현상이다. 서로의 스테이지를 직접 해보면서 "우와, 네가 그린 거 정말 재미있다"는 말을 들은 아이는 으쓱한다. 캐릭터를 잘 그리는 것이 아니라 '얼마나 재미있게 구성하느냐'가 중요해지는 것이다. 그림은 재미있게 그려야 한다고 인식이 바뀌면서 너도나도 집중해서 게임 맵을 그렸다. 심지어는 게임 팩을 바꾸는 것처럼 서로의 게임 종이를 바꾸는 일도 있었다. 자신이 그린 게임판을 서로 바꿔서 해보는 것이다.

많은 부모님은 여전히 아이가 게임에 너무 빠질까봐 불안해하신다. 하지만 나는 다르게 생각한다. 아이들이 게임을 직접 그리는 과정은 단순히 게임을 즐기는 것과 다르다. 자신이 게임을 기획하고 함정을 설치하고 적을 그리고, 잘못 그려 주인공이 빠져나가지 못하는 통로가 있으면 수정하는 등 다양한 탐구 과정을 거치기 때문이다. 덕분에 아이들은 더 신중하게 고민하게 되고 자연스레 그림에 대한 집중력도 높아진다.

이제 집에서도 스마트폰이나 탭을 이용해서 아이와 함께 게임을 만들어보자. 아빠의 괴물을 물리치는 아들, 아들의 함정을 빠져나가는 아빠, 생각만 해도 설레지 않는가?

아들을 직장에 데리고 가보자!

어릴 적 부모님께서는 LPG충전소를 운영하셨다. 충전소 옆에는 자동차 정비소가 따로 있었다. 아버지께서는 정비소에서 택시를 정비하셨다. 정비할 때 아버지는 절대 내가 다가오지 못하게 하셨지만, 항상 아버지가 하는 일은 신기해 보여서 가까이서 보고 싶었다. 한번은 빈 정비소에 들어가 놀다가 그만 자동차 하부를 보기 위해 파놓은 터널로 굴러떨어져 혼나기도 했다. 퀴퀴한 기름 냄새, 기름때가 묻어있는 작업복과 장비들, 때로는 알 수 없는 장비로 자동차 엔진을 검사하는 아버지의 뒷모습은 지금도 기억에 남는다. 아들에게 아버지의 직장은 아버지의 세계를 볼 수 있는 지도와도 같다. 같이 밥 먹고 TV 보고 놀아주는 아버지는 일부일 뿐이다. 매일 아침 "회사 다녀올게"라는 말을 하고 사라진 아버지의 빈 공간과 시간, 아들은 아버지가 무엇을 하는지 궁금해한다.

아버지의 세계는 아들에겐 항상 미스테리다

평범한 직장이라도 아들에게는 평생 잊지 못할 추억이 된다

"대략 2년 전쯤인가… 아들을 데리고 사무실에 간 적이 있어요. 사실 데려가고 싶진 않았어요. 어차피 사무직이다 보니 사무실에 컴퓨터와 의자밖에 없고 딱히 보여줄 게 없었거든요. 그런데도 아들은 하나하나 물어보더라고요. 서류함에는 뭐가 있는지, 전화기로는 누구한테 전화 거는지 물어보고 의자 위에 앉아보고… 모든 걸 알고 싶어 하더라고요. 그 뒤로 데려간 적은 없어요. 신기한 건 2년이 지난 지금도 제 아들이 '우리 아빠는 이런 일 한다'고 하면서 친구들한테 자랑한다는 거예요."

"한동안 제가 있는 군부대에 가보고는 매일매일 스케치북에 아빠와 탱크를 그리더라고요. 학교에서도 선생님과 친구들에게 아빠가 탱크 위에 있는 그림을 그리며 자랑을 하고 다닌다고 하네요."

아들을 직장에 데려가본 아버지들은 아들이 그때 어떤 모습이었는지 구체적인 행동을 하나하나 설명한다. 한 아버지는 갑자기

눈시울이 붉어지면서 조용히 말했다.

"사실 저는 제 직업에 자부심이나 자신감이 없었어요. 어차피 돈 벌기 위해 하는 거잖아요. 솔직히 자기가 좋아하는 일을 하며 사는 사람이 얼마나 되겠어요? 저번에 어쩌다 아들과 잠깐 회사에 들를 일이 있었는데 굉장히 좋아하더라고요. 친구들한테도 자랑하고… 그런 아들을 보면서 누군가 나를 자랑스러워하는 사람이 있다는 사실을 깨달았어요. 생각보다 나는 중요한 일을 하고 있구나 하고 생각했죠."

어떤 일을 하든지 아들은 아버지가 자랑스럽다
아들에게 아버지는 자신의 미래다

대부분 아버지는 아들을 직장에 데려가는 것을 부담스러워한다. 어른들의 세계를 보여주고 싶지 않기 때문이다. 정확히 말하면 자신의 솔직한 세계를 보여주고 싶지 않아서다. 직장에서 아버지는 자상하고 무엇이든 할 수 있는 모습이 아니다. 윗사람에게 혼나기도 하고 담배를 피우며 한숨을 쉬기도 한다.

그 밖에도 발표하는 모습, 기계를 조립하거나 작동시키는 모습, 사람들을 친절하게 대하는 모습 등 평소 아들에게 보여주는 모습보다 더 많은 모습이 직장에 있다. 아들은 아버지에 대해 더 알고 싶어 한다. 아버지가 하는 일이 무엇이든 자랑스러워한다. 이유는 간단하다. 아들에게 아버지는 자신의 미래이기 때문이다. 자신의 미래를 볼 수 있는데 주저할 이유가 무엇이겠는가? 아이가 "나도 커서 아빠처럼 될 거야"라는 말을 자주 하는 이유다.

'좋은 아빠'에 대한 고정관념을 버려야 한다
아들에게 자신의 솔직한 세계를 조금씩 보여주자

흔히 생각하는 '좋은 아빠'는 어떤 모습일까? 5인 가족을 모두 편안하게 태우고 산으로 바다로 언제든지 놀러 가고 우아한 피크닉 테이블에 둘러앉아 바비큐 파티를 하는 것일까? 넓은 정원이 있는 집에 커다란 래트리버를 껴안는 아이들과 정원에 물을 주는 아버지의 이미지가 떠올랐는가?

만약 비슷한 생각을 했다면 자동차와 보험광고의 희생자다. 수많은 미디어는 아버지의 역할을 오로지 가족의 행복을 위해 희생하는 모습으로 정형화한다. 좋은 아빠란 가족에게 돈과 시간을 모두 내어줄 수 있다고 생각하게 한다. 그렇기에 아빠는 물질적으로 더 많은 것을 주고 싶어 하고 더 많은 시간을 함께해주고 싶어 한다. 하지만 현실적으로 힘들다. 주 5일 9시간은 꼬박 직장에서 가족을 위해 일해야 한다. 이것도 이상적인 이야기다. 실제 한국 남성의 평균 근로시간은 2015년에 이미 OECD 국가 중 1위로 올라섰다. 한 조사에 따르면 절반의 직장인이 주 40시간 이상 근무를 하고 25%의 직장인은 주 54시간 이상 근무하는 것으로 나타났다. 이러한 현실에서 자녀를 위해 시간을 따로 떼어놓는 것 자체가 힘들다. 사회적인 구조의 변화가 우선돼야 하며 아버지들도 기존의 고정 관념에서 벗어날 필요가 있다. 자신의 솔직한 세계를 보여주는 아빠, 직장생활을 보여주는 아빠야말로 아들을 진실하게 대하는 좋은 아빠가 아닐까?

20년 후 부모와 아들이 서로에게 주는 선물, 타임캡슐 만들기

대학에 들어가고 난 후 사진 찍는 취미가 생겼다. 처음에는 일회용 카메라로 일상을 담았다. 어느 순간 사진 찍는 일이 즐거워져 정식으로 사진을 배우고 싶어 당시 고가였던 일안 리플렉스 카메라(SLR)를 알아보고 있었다. 이 모습을 본 아버지는 반가워하며 장롱에 소중히 보관돼있던 본인의 카메라를 주셨다. 낡았지만 성능은 충분했다. 덕분에 대학 시절 내내 아버지의 카메라로 소중한 순간들을 담았다. 아버지가 카메라를 주면서 "신기하구나. 나도 대학생 때부터 사진을 취미로 시작했는데"라고 한 말씀이 계속 기억에 남았다. 마치 타임머신처럼 과거의 대학생이었던 한 남사가 훗날 자신의 아들을 위해 준비한 선물 같았다.

한 은사께서는 이런 말씀을 하셨다.

"나이가 들면 부모와 자식의 관계는 바뀌어야 한다. 자식은 부모님을 볼 때 어린아이를 대하는 것처럼 인내심을 가지고 대해야 한다. 반대로 부모는 자식을 볼 때 부모를 대하는 것처럼 존중해줘야 한다."

어느 시점부터 자식과 부모의 관계는 바뀐다
자식은 부모로, 부모는 자식의 관심이 필요한 아이로 변신한다

흔히 부모와 자식의 관계는 평생 고정된다고 생각한다. 조금만 바꿔서 생각해보면 어린아이였던 나는 점점 더 강해지고 어느 순간 부모를 뛰어넘게 된다. 반대로 부모는 마치 어린아이처럼 점점 더 약해지고 의존해야 하는 것들이 늘어난다. 신기하지 않은가? 삶의 어느 시점부터 서로가 반대의 위치에 서게 되는 것이다. 나이가 들면 부모의 마음을 알게 된다고 한다. 자신이 부모님의 나이가 돼봐야 왜 자식을 혼내며 공부시키려 했는지 알게 된다. 반대로 부모님은 자식이 독립하면서 치열했던 삶의 전쟁터에서 잠시 벗어날 수 있게 된다.

대화도 마찬가지다. 어릴 때는 부모에게 쉴 새 없이 질문하던 아이는 시간이 흐르면 부모보다 친구와 대화하는 시간이 늘어난다. 반대로 자식의 질문공세에 시달리던 부모님은 이제 매일 자식의 전화를 기다린다. 특히 아버지와 아들의 관계는 더욱 심각해진다. 2016년 동아일보 조사에 따르면 청소년 절반 이상은 아버지와 대화를 나누는 시간이 일주일에 1시간도 채 안 된다고 한다. 어머니는 평소 마주칠 일이 많지만 직장생활로 바쁜 아버지와는 시간이 갈수록 어색해지는 것이다.

친밀한 관계 형성을 위해 아들과 아버지가 서로를 위한 선물을 준비해보는 것은 어떨까? 지금 필요한 선물이 아닌 먼 훗날 서로에게 선물을 주는 것이다.

아버지와 아들의 타임캡슐 만들기

지형의 변화나 사람의 손길이 적게 닿는 곳을 선정하자

준비물 튼튼한 플라스틱 상자나 부식이 덜한 알루미늄 상자

규칙 현재 각자 자신의 소중한 보물을 선정할 것. 그리고 이것이 왜 중요한지, 왜 선물로 주고 싶은지 편지를 쓸 것. 아버지의 카메라처럼 현재 아버지의 보물이 훗날 아들에게 유용한 보물이 될 수 있고 아들의 보물은 훗날 아버지의 즐거운 추억이 된다.

캡슐 보관 단위 10년

캡슐 제작 방법 캡슐에 물건을 넣은 뒤 비닐로 포장한다. 포장 겉면에 아버지와 아들 이름, 묻은 날짜와 개봉 날짜를 적어둔다. 혹시나 모를 유실에 대비해 연락처를 상세히 적는다.

캡슐 매립 장소 지형의 변화나 사람 손길이 적게 닿는 곳을 선정한다. 집 주변의 경우 이사나 재개발의 위험이 없는지 생각해봐야 한다. 최적의 장소는 학교 근처다. 다만 교내에 매립할 수 없으니 인근 야산이나 최대한 손길이 닿지 않는 곳으로 선정한다. 50cm~1m 깊이의 구덩이를 판 후 묻는다.

주의사항 : 반드시 매립한 위치를 지도와 사진으로 남겨놓는다. 단체에서 진행하는 타임캡슐 행사는 매립지에 표지판을 설치하지만, 개인이 만든 타임캡슐은 대개 공공지나 사람들이 볼 수 없는 곳에 매립하기 때문이다. 다양한 각도로 사진을 촬영하고 표식을 해둬서 매립장소를 잊지 않도록 한다.

PART 4
아들과 함께 채워나가는 버킷리스트!

마치며

아들에게서 수많은 나의 모습을 발견한다
상대방을 이해하고 싶다면 자기 자신을 발견해야 한다

아이는 마치 광산과도 같다. 마음속에 어른과 똑같은 두려움, 질투, 과시, 성취감, 경쟁심 등 다양한 조각이 들어있다. 아이들의 말 한마디, 행동 하나하나는 마치 거울을 보는 듯하다. 한번은 미술 교육에 관해 각자 자신만의 주제를 정해 발표하는 시간이 있었다. 참관 수업을 하며 어둠이나 홀로 있는 것을 유난히 무서워하는 아이들을 만났다. 다른 친구가 장난으로 교실 전등을 끄면 바로 울음을 터뜨리는 아이, 잘 때도 불을 켜고 부모님 사이에서야 겨우 잠을 잘 수 있는 아이도 만났다.

그런 아이들을 관찰하며 어릴 적 형이 나에게 해줬던 그림자놀이가 떠올랐다. 나도 예전엔 어둠이 무서워서 밤이면 항상 엄마 곁에서만 자려고 했다. 그러다 어느 날부터인가 형과 같은 방을 사용하기 시작했다. 그때도 어두운 방이 무섭다고 형에게 울먹거리며 이야기했다. 그러자 형은 갑자기 일어나 방 안에 있던 별자리 장난감을 가져왔다. 투명하고 속이 빈 둥근 플라스틱에는 별자리가 야광으로 인쇄돼있었다. 안에는 작은 전구가 있어 불을 켜면 사방으로 별자리 그림자를 비출 수 있었고, 건물 모양의 플라스틱 띠가 둘려있었다. 형은 그 플라스틱 띠와 전구를 빼내어 벽에 비추면서 '야간비행' 게임을 시작했다. 전구와 플라스틱 도시를 가까이 대면 벽에는 거대한 도시의 그림자가 생겨 마치 내가 건물로 돌진하는 것 같았다. 그리고 다시 멀리하면 높은 하늘 위로 올라가는 기분이 들었다. 그렇게 나는 형과 함께 '야간비행' 놀이를 하면서 어둠의 공간을 즐겁고 흥미진진한 공간으로 받아들이게 됐다. 매일 형은 내가 잠들 때까지 도시 위를 탐험하며 다양한 이야기를 들려줬다. 그 뒤로는 어둠이 무섭지 않았다.

어둠을 무서워하는 아이에게 '야간비행'의 추억과 비슷하게 접근해봤다. 필름지에 캐릭터를 그리고 빨대에 붙여 간편하게 손에 쥘 수 있도록 했다. 여기에 간단한 스토리를 만들어 연극을 했다. 때로는 입체적인 건물을 만들어 형이 나에게 해준 '야간비행' 놀이도 해봤다. '요즘 아이들은 스마트폰으로 눈이 높아질 대로 높아졌는데 과연 이것을 좋아할까?'라는 생각을 잠깐 했지만 순전히 나의 오해였다. 아이들은 계속해서 나에게 '영화'를 보여달라고 하면서 시도 때도 없이 교실의 불을 끄려고 했다. 이후에 '어둠 속의 영화'는 나만의 정규과정 중 하나로 자리 잡았다. 덕분에 어둠을 두려워하는 아이도 나중에는 영화를 보고 싶다며 먼저 교실 불을 끄기도 한다.

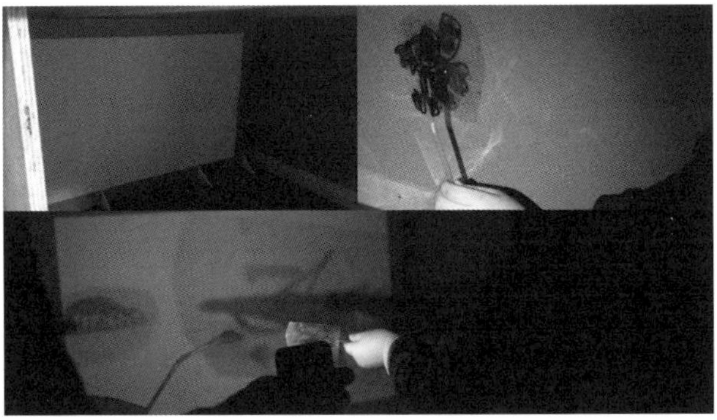

▲ 자신만의 캐릭터를 그리고 선생님과 어둠 속에서 둘만의 영화를 찍는 시간. 실컷 놀고 난 뒤에는 어둠을 무서워하는 아이들도 나중에는 영화 보고 싶다며 교실 불을 끄는 모습을 볼 수 있다.

이 경험으로 아이들을 이해하기 위해서는 아이 모습 속에 있는 나 자신을 발견해야 함을 알게 됐다. 어둠이 무서운 아이에게 '도대체 왜 이리 겁이 많을까?'라고 답답해하는 것이 아니라 내가 어릴 적 어둠이 두려워했던 기억을 떠올려야 한다. 이해의 첫걸음은 상대방에게서 나 자신을 찾는 것이다.

"상대를 이해하고 싶다면 상대 안에 있는 자기 자신을 발견하라."

–비트겐슈타인–

가장 중요한 것은 나 스스로가 어떤 사람인지 알아야 한다
자기 자신을 알아야 아들을 진실로 대할 수 있다

수많은 자기계발서, 지친 나를 위로하는 책이 쏟아지고 있다. 각기 자기만의 스타일로 꿈을 찾는 법, 인간관계에서 편안해지는 법, 자유롭게 사는 법 등을 알려준다. 이런 책들을 읽어보면 겉모습은 서로 다를지라도 그 안에는 공통된 하나의 거대한 흐름이 있다. 바로 '자기 자신을 아는 것'이다. 꿈을 찾기 위해서는 먼저 내가 무엇을 좋아하는지, 언제 행복한지 알아야 한다. 인간관계도 편안해지려면 내가 어떤 유형의 사람인지 먼저 알아야 한다. 자유롭게 살려 하면 내가 원하는 자유는 어떤 것인지 알아야 한다. 자신을 먼저 알아야 행복한 삶이 가능하다.

그동안 주입식 교육으로 자라온 우리는 자신에 대해 알 기회가 그리 많지 않았다. 성적에 따라 선생님의 대우가 달라졌고 수능 성적에 따라 부모님은 배치표를 보며 대학 간판을 생각했다. 그러다 보니 자신에 대해 생각할 시간도 없었고 누군가를 이해할 시간도 없었다. 그저 경쟁자로만 생각하도록 교육받아 왔다. 그런 아이들이 자라 부모가 된다. 사회에서 직장을 구하고 결혼을 하고 가정을 꾸린다. 난생처음 나와는 다른 존재를 가까이 두고 살게 된 것이다.

나와 매우 가까우면서도 도무지 이해하지 못할 아이. 밤새도록 뛰어다녀 결국 아래층 이웃에게 경고를 받아야 했던 아이. 버스나 자동차만 보면 좋아서 차도로 뛰쳐나가 간담을 서늘하게 할 정도로 한 가지에 푹 빠져버리는 아이. 그러다가 어느 순간 또 다른 것에 푹 빠져 누가 업어 가도 모르는 아이. 바로 우리의 아들들이다. 작은 남자라고도 불리는 아들을 여자인 어머니는 낯설게 느낀다.

사랑스럽지만 이해할 수 없는 아들, 억지로 이해하려 하면 안 된다. 억지로 이해하려다 결국 먼저 지쳐 눈물을 흘리는 어머니를 많이 봐왔다. 남편의 '애들은 그러면서 크는 거야'라는 말이 너무나 무책임하게 들린다. 이런 부모님께는 자신을 먼저 알아야 한다고 말씀드린다. 특히 어머니는 여성이기에 남자인 아들의 행동이 낯설게 보일 수 있다. 그럴 때는 아이기 이전에 인간으로서 아들을 바라보라고 말씀드린다. 이렇게 말할 수 있는 것은 이 책을 쓰기 위해 수많은 아들 관련 육아서를 탐독하며 하나의 결론을 내릴 수 있었기 때문이다. 아들은 어린아이가 아닌 작은 남자다. 성인 남자와의 차이점은 경험뿐이다. 아들을 아이가 아닌 작은 남자로 대할 때 비로소 아들을 이해할 수 있게 된다.

아버지의 경우는 어떨까? 불공평하게 들리겠지만 아버지는 이미 아들의 많은 부분을 이해하고 있다. 누가 말해주지 않아도 아들의 모습 속에서 자신의 어릴 적 모습과 현재의 모습을 보고 있기 때문이다. 단지 부끄럽고 인정하고 싶지 않아서 조용히 있을 뿐이다. 어릴 적 자신과 너무나 비슷한 모습을 보며 속으로 아내보다 더 놀라는 일이 많았을지도 모른다. 그렇기에 남편의 "애들은 다 그런 거야" 라는 말이 결코 육아에 관심이 없거나 방치의 말이 아님을 알아줬으면 좋겠다.

우리는 아들에게서 배울 것이 무궁무진하다
우리가 이 세상에 있는 이유는 서로 놀기 위해서다

처음에는 남자아이의 미술 심리에 관한 책을 쓰려고 했다. 하지만 수많은 남자아이를 관찰하면서 아이들이 우리의 삶 전체에 던지는 메시지를 발견하게 됐다. 말썽꾸러기이고 제멋대로인 남자아이의 모습에서 '삶은 이렇게 살아야 한다'라는 강렬한 외침이 들린다. 아이들을 관찰하면서 나도 모르게 '맞아, 사실 나도 저랬어'라고 공감할 때가 많았다. 그리고 내 마음은 나에게 '그래서 이제 어떡할 거야?' 라고 묻는다.

'그래, 지금도 늦지 않았어. 내가 해보고 싶은 일들은 과감히 도전해볼 거야'라고 답했다.

이 책도 그런 결심 중 하나로 나올 수 있었다. 오랫동안 먼지가 켜켜이 쌓인 버킷리스트를 열 수 있게 해준 것도 내가 가르쳤던 아이들 덕분이다. 그 힘을 더 많은 사람과 나누고 싶었기에 마지막 장에 아이의 다양한 모습 속에서 우리가 배울 것들을 정리해봤다. 결국 가장 말하고 싶었던 것은 '아들의 모습을 통해 나를 알아가고 삶을 살아갈 힘을 얻는 법'이다.

마지막으로 최근에 본 영화 '우리들'의 한 장면을 소개하고자 한다. 주인공인 여자아이(이선)는 친구 '보라'와 깊은 갈등관계에 있다. 이선은 관계 회복을 위해 노력하지만, 갈등은 깊어만 가고 회복은 불가능해 보인다. 그런 이선은 남동생(이윤)이 친구 연우에게 매일 맞고 다니면서도 함께 어울리는 게 이해가 안 된다. 어느 날 화가 난 이선은 이윤에게 따지듯이 묻는다.

"이윤! 연우가 계속 다치게 하잖아. 그래도 계속 놀 거야?"

"이번엔 나도 같이 때렸는데?"

"그래서?"

"그래서 연우가 다시 또 때렸어."

"그래서?"

"그래서 같이 놀았어."

"너 바보야? 그러고 같이 놀면 어떻게 해? 다시 때렸어야지!"

"그럼 언제 놀아?"

"응?"

"연우가 때리고 나도 때리고 하면 언제 놀아? 난 그냥 놀고 싶은데?"

남자아이들은 항상 놀고 싶어 한다. 누가 먼저 때렸는지 계산할 시간이 없다. 해가 지면 각자의 집으로 돌아가야 하기에 그 전에 신나게 노는 것이 중요하다. 우리를 돌아보자. 소중한 사람에게 상처받고 마음의 문을 닫고 있는가? 사랑하는 사람과 끊임없이 싸우며 에너지를 소진하고 있는가? 언젠가 해가 지듯이 분명 헤어질 날도 온다. 언제까지나 서로를 탓할 수는 없다. 천상병 시인이 '귀천'을 통해 말한 것처럼 결국 우리는 이 세상에 소풍 온 존재다.

세상을 떠나기 전에 이곳에서 누구보다 즐겁고 행복하게 살아야 한다. 누가 더 손해인지 계산하기 전에 놀기 좋아하는 남자아이의 마지막 메시지를 생각해보자.

"서로 때리기만 하면 언제 놀아? 난 그냥 놀고 싶은데?"

본 책의 내용에 대해 의견이나 질문이 있으면
전화 (02)3604-565, 이메일 dodreamedia@naver.com을 이용해주십시오.
의견을 적극 수렴하겠습니다.

아들맘 육아 처방전

제1판 1쇄 인쇄 | 2017년 10월 10일
제1판 1쇄 발행 | 2017년 10월 17일

지은이 | 고용석
펴낸이 | 한경준
펴낸곳 | 한국경제신문*i*
기획·편집 | (주)두드림미디어
책임 편집 | 이수미, 이인영

주소 | 서울특별시 중구 청파로 463
기획출판팀 | 02-3604-565
영업마케팅팀 | 02-3604-595, 583 FAX | 02-3604-599
E-mail | dodreamedia@naver.com
등록 | 제 2-315(1967. 5. 15)

ISBN 978-89-475-4257-9 13590

책값은 뒤표지에 있습니다.
잘못 만들어진 책은 구입처에서 바꿔드립니다.